JN227585

計算力を強くする

状況判断力と決断力を磨くために

鍵本　聡　著

ブルーバックス

●カバー装幀／芦澤泰偉・児崎雅淑
●カバー・本文イラスト／むろふしかえ
●本文・扉・目次デザイン／さくら工芸社

はじめに

みなさんは計算で困ったことはありませんか？

例えば，友達や同僚と食事に行って，割り勘で払おうとしたとき，買い物に行って，1万円札を出しておつりをもらうとき，あるいは，時刻表を見ながら予算内で旅行の行き先を決めるとき等々。羅列した数字を見ながら，答えがすぐに頭の中に浮かび上がれば，どんなにすばらしいことでしょう！

しかしこの世の中，パソコンや電卓を使えば，計算力なんて必要ないと思っている人が意外に多いのではないでしょうか。でも，いつもパソコンや電卓を持ち歩くわけにはいかないし，場合によっては，暗算だけで答えを瞬時に計算しないといけない局面も多々あるのです。

ところで，仕事や勉強において「計算力」とは，スポーツでたとえると「走ること」のようなものです。どんなに戦術に長けていても，あるいはどんなに素晴らしいキックやグラブさばきの技術を持っていても，走ることが苦手な選手はハンディキャップを背負うことになります。同じように，仕事でも勉強でも，計算力がないことはかなりのハンディキャップを背負っているといえます。

そんなふうに計算力がないために，「自分は数学が苦手だ」とか「自分は技術職には向いていない」と信じ込んでしまっている学生や大人が結構多いように見受けられます。計算の勉強は，小学校でほとんど終わっているにもかかわらず，その後の人生を左右することが少なくありません。人生の重要な場面で，とっさの計算ができなかったた

めに,「人生に失敗した」なんてことにならないためにも,計算力を侮ってはいけません。

仕事で商品の注文を受けて見積もりをすぐ出さないといけないとき,瞬時に概算できれば信頼度はアップするでしょうし,入試など時間との勝負の場面では,答えに早く正確にたどり着ければ得点は確実にアップするはずです。

ところが学校で習う計算には限界があります。その理由の一つは小学校で学習する計算では,筆算が重視されていることです。筆算というのは,紙と鉛筆さえあればどこでもできる便利な計算方法なのですが,逆にいうと,頭の中の計算イメージ(これを「計算空間」と呼ぶことにします)が,なかなか形成されにくいということが同時に言えます。このために,本書のキーワードの一つ「計算視力」が培われないのです。

学校で習う計算に限界が存在するもう一つの理由は,小学校や中学校での計算の学習が,年齢にあわせて進められていることです。例えば,小学校では小学校の範囲内での計算方法を学習します。これは一見いいことのようにも思われますが,逆に言うと,中学校や高等学校で学習する「良い手」を小学校では学習できないということです。すなわち,便利な計算方法が存在するにもかかわらず,学習指導要領に縛られて,習う機会が与えられないということになるのです。

そこで本書では,「計算視力」の訓練を通して,計算空間を頭の中で作り上げていきます。さらに「計算視力」には,早く答えを導き出すだけでなく,計算の道筋を見きわめる「状況判断力」と「決断力」,さらに「集中力」を高

める効果もあるのです。そのために，小学校で習う知識から，高校で習うような大人の知識まで，すべての垣根を取り払ったとっておきの計算法を紹介していきます。

具体的には，小学校で習う計算から高校で習う計算，さらに学校ではあまり教えないような手法も含めて，まずはかけ算（割り算を含む）から始めて，足し算（引き算を含む），概算，検算と復習しながら，それぞれについての計算テクニックを解説していきます（かけ算が足し算より先にきているのは，一般の教科書にはない本書だけの特徴です）。

このようにまとめたことで，小学生にも読めて社会人にとってもためになり，それでいて他の著作物では体験できない「計算法のバイブル」が仕上がったのではないかと自負しています。

日々の生活の中で苦境に直面したとき，計算力の訓練によって磨かれた「状況判断力」や「決断力」，さらには「集中力」が役に立つときが必ずあるはずです。本書を読んで計算力をさらに高めることで，今まであきらめていた何らかの道が開かれることを祈っています。

なお，本書の執筆にあたって数多くの助言をいただいた講談社ブルーバックス出版部の小沢久氏には感謝の気持ちでいっぱいです。

2005年7月　　　　　　　　　　　　　　　　　　　著者

• 目次 •

はじめに 5
プロローグ——あなたの計算力チェック 10

第1章 かけ算は計算力の基本 …………………… 17

- 九九を使った計算視力 20
- 5をかけること, 5で割ること 22
- 平方・立方の計算に持ち込む計算視力 33
- 和差積を使った計算視力 36
- 累乗の計算視力 42
- かけ算・割り算は計算順序を入れ替える 46
- 分数変換法を用いた計算視力 52
- 比の扱い 60
- 分数の約分 64

第2章 足し算はかけ算の応用 ………………… 75

- 「平均」は足し算とかけ算の架け橋 77
- 等差数列を「平均」でかけ算に持ち込む 80
- 等差数列を見抜いてかけ算に持ち込む 85
- 「まんじゅう数え上げ方式」 90
- 足し算は計算視力で「グループ化」 95
- 引き算の基本は「おつりの勘定」 108
- どんな引き算でもへっちゃら「両替方式」 110

第3章 概算は判断力と決断力 …………… 115

- 実はよく使う概算　*116*
- 概算のコツは「状況判断力」と「数字を切る決断力」　*117*
- 「まんじゅう数え上げ方式」を使った概算　*121*
- かけ算の概算は「有効数字」を活用する　*125*
- 平方根は語呂合わせで暗記　*130*

第4章 計算間違いをなくす …………… 145

- 計算間違いを科学する　*146*
- 計算間違いの頻度を減らす　*147*
- 検算を行う　*154*
- 余分な計算をしない　*158*

第5章 計算力を強くする …………… 161

- 計算空間を頭の中に作る　*162*
- 数字に慣れる　*167*
- 作戦を立てる　*170*

プロローグ——あなたの計算力チェック

まず本論に入る前に,あなたの計算力をチェックしてみましょう。

これから出題する計算問題を暗算で解いてください。答えはどこかに書き留めておいてください。すべての問題を解き終わったら【解答】で答え合わせをしてみましょう。

各問題ごとに制限時間が設けてありますが,厳密に時間を計る必要はありません。ただし,制限時間を大幅に上回った場合,あるいは暗算では解けそうにない場合は,×とカウントしてください。例えば「制限時間10秒」と書いてある問題で,12秒ぐらいかかるのは問題ないのですが,30秒かかるのは,その問題に関して計算力を見直す必要があるということです。

また【解答】には,各問題ごとに本文の解説参照ページを掲載してあります。できなかった問題の解法を本文で確認して,計算力を磨く上での参考にしてください。自分の弱点を知ることから,計算力アップの特訓は始まります。

それでは早速,計算力をチェックしてみましょう!

【診断1】

次の計算をしてください。(制限時間3秒)

$14 \times 45 = ?$

【診断2】

次の計算をしてください。(制限時間5秒)

$48 \times 15 = ?$

【診断3】
次の計算をしてください。（制限時間5秒）

$39 \times 41 = ?$

【診断4】
次の計算をしてください。（制限時間5秒）

$16 \times 125 = ?$

【診断5】
次の計算をしてください。（制限時間5秒）

$84 \times 0.75 = ?$

【診断6】
次の計算をしてください。（制限時間10秒）

$375 \times 0.04 = ?$

【診断7】
2gの食塩を水に溶かして食塩水を500g作りました。この食塩水150gの中には何gの食塩が溶けているでしょう？（制限時間10秒）

【診断8】
次の分数を約分してください。（制限時間10秒）

$\dfrac{96}{132} = ?$

【診断9】

次の計算をしてください。(制限時間5秒)

22 + 24 + 26 + 28 + 30 = ?

【診断10】

次の計算をしてください。(制限時間15秒)

24 + 12 + 36 + 24 + 12 + 24 + 12 + 36 = ?

【診断11】

次の計算をしてください。(制限時間15秒)

5234 − 686 = ?

【診断12】

あなたは今晩,鍋をしようと思って夕方にスーパーマーケットで買い物をしました。今レジの列に並んでいます。長い列が後ろに続いていて,次が自分の番です。あまりお金の支払いに時間をかけることができませんので,とりあえず現金(1000円札と100円玉)を用意しておこうと思います。以下の品物がカゴに入っています。現金をいくらぐらい用意すればよいでしょう? 100円単位でお答えください。(制限時間20秒,ただし問題文を読む時間は含まない)

白菜	¥128
ニンジン	¥98
しいたけ	¥198
豆腐2丁	¥118 × 2

豚肉	￥298
鍋用スープ	￥298
うどん4袋	￥58×4
パックご飯	￥298

【診断13】
　半径7の円の面積はおよそどれぐらいでしょう？　整数でお答えください。(制限時間10秒)

【解答】

1	630	(21 ページ参照)
2	720	(30 ページ参照)
3	1599	(37 ページ参照)
4	2000	(44 ページ参照)
5	63	(52 ページ参照)
6	15	(58 ページ参照)
7	0.6 g	(61 ページ参照)
8	$\dfrac{8}{11}$	(66 ページ参照)
9	130	(82 ページ参照)
10	180	(91 ページ参照)
11	4548	(111 ページ参照)
12	1800 円	(117 ページ参照)
13	154	(142 ページ参照)

(なお詳しい解説は, 本文中にあります)

プロローグ

　いかがでしたか？　別に試験ではありませんので，点数をつけたり，「あなたの計算力は○○です」などという判定結果を出すものでもありません。ご安心ください。

　苦戦された読者の方もたくさんいらっしゃると思いますし，ほとんどの問題を制限時間内に答えられた方もいらっしゃるでしょう。苦戦された読者のみなさんは，本書の例題と練習問題を見直すだけで，これらの問題を簡単に解けるようになるはずです。また問題によっては制限時間内に解けた読者のみなさんも，本書の練習問題に挑戦していただくことで，脳を活性化させ，頭の体操にもなるはずです。

　受験生にとっては勉強前の準備体操にいいでしょう。逆に，受験科目に数学や理科があって，このような計算が苦手な人は，本書の練習を繰り返すことで単純な計算間違いをなくし，集中力も身につき，受験に大いに役立つはずです。次章から，少しずつ例題を見ながら解説をしていきます。ゆっくりと計算練習を重ねてみてください。

第1章

かけ算は計算力の基本

●「暗記力」と「計算視力」

読者のみなさんは次の式をすぐに計算できますか?

$55 \times 22 = ?$ (制限時間5秒)

このような計算を速く,しかも間違えずに実行するためのキーワードが「暗記力」と「計算視力」です。この2つを訓練することで,計算力は飛躍的に高まります。本章では,例題と練習問題を通して「暗記力」と「計算視力」とは何か,を解説していきます。本章を読み終わるころには $55 \times 22 = 1210$ という計算が,5秒以内にできるようになるはずです。

まず「暗記力」について考えてみましょう。例えば次の計算式をご覧ください。

$8 \times 8 =$

$18 \times 8 =$

みなさんはどうやってかけ算をするのでしょうか? 8×8 のように1桁×1桁なら九九をそのまま使えば暗算で答えが得られますが,18×8 のように,かける数のどちらか一方でも2桁以上なら筆算,というのが一般的ではないでしょうか? もちろんそろばんを習っている人は,筆算のかわりに頭の中にそろばんの珠が思い浮かぶのかもしれませんが……。

答えをそのまま覚えてしまっている1桁×1桁に比べ,

第1章　かけ算は計算力の基本

筆算をする計算は時間がかかります。このことがしばしばスムーズな計算の妨げになります。2桁×2桁のかけ算の中にも，日常生活でかなり出現頻度が高いものが存在するのです。

たとえば $18 \times 8 = 144$ という計算は，実は，日頃よくお目にかかる計算なのです。こんな計算が出現するたびにいちいち筆算をしていたら，それだけで時間のロスになります。言い換えると，こういう計算を「暗記」してしまうのは非常に効果が高いわけです。これが計算力を高めるための「暗記力」ということなのです。

ではもうひとつの「計算視力」とは何でしょう？　これが本書の大きなテーマです。

「計算視力」というのは実は筆者の造語です。ひと言でいうと計算の式を頭の中で変形して，簡単な計算に置き換える力のことなのです。「視力」という名前をつけたものの，実際に目に見える計算ではなく，頭の中で行う計算能力のことです。

次の例を見てください。

$15 \times 16 =$

もちろん筆算などをすれば答えが240であることがすぐにわかるのですが，「計算視力」を鍛えることでこのような計算の答えが瞬時に暗算で導き出せるのです。

具体的には次のように考えます。

$$15 \times 16 = 15 \times (2 \times 8)$$
$$= (15 \times 2) \times 8 \quad \cdots ①$$

$$= 30 \times 8$$
$$= 240$$

　このような変形を行うことで，複雑に見える計算を筆算せずに解くことができます。

　実は「暗記力」と「計算視力」は非常に密接な関連があります。というのも，問題式を「計算視力」で変形する際，自分が記憶している計算式を目指して変形するからです。

　15×16 の例で言えば，30×8 という計算式は九九の $3 \times 8 = 24$ を覚えているからこそ，このような変形にたどりつけたわけです。

　そこでこの章では，まず基礎となる重要な計算式を基に計算視力の練習をしていくことにします。

● 九九を使った計算視力の練習

　本書の読者のみなさんは，きっと九九を暗記していることと思います。そこで「計算視力」を体験していただくために，まずは九九を使った計算視力の練習をしてみましょう。

　ここでのコツは，上式の①のように「(5の倍数)×(偶数)は，偶数のほうの2だけを先に(5の倍数)にかける」ということです。

【コツ1】

(5の倍数)×(偶数)という式を見つけたら，偶数の2だけ先にかける。

第1章　かけ算は計算力の基本

例題1　　$14 \times 45 = ?$

$$14 \times 45 = (7 \times 2) \times 45$$
$$= 7 \times (2 \times 45)$$
$$= 7 \times 90$$
$$= 630$$

🖉 練習1（九九を使った計算視力の練習）

以下の計算を瞬時にできるように練習してください。各問とも制限時間3秒。

（1）　$18 \times 15 =$

（2）　$35 \times 14 =$

（3）　$25 \times 16 =$

（4）　$45 \times 12 =$

【解答】
(1) $18 \times 15 = 9 \times 2 \times 15 = 9 \times 30 = 270$
(2) $35 \times 14 = 35 \times 2 \times 7 = 70 \times 7 = 490$
(3) $25 \times 16 = 25 \times 2 \times 8 = 50 \times 8 = 400$
(4) $45 \times 12 = 45 \times 2 \times 6 = 90 \times 6 = 540$

● 5をかけること,5で割ること

日常生活において,5をかけること,5で割ることは頻繁に登場します。次の例をご覧ください。

$236 \times 5 = ?$

もちろん計算視力を働かせて,236 を 118×2 と分解してから計算してもよいのですが,実は5をかけるということは,2で割ってから10をかけるのと同じことです。なぜなら,

$10 \div 2 = 5$

すなわち

第1章　かけ算は計算力の基本

$$236 \times 5 = 236 \times (10 \div 2)$$
$$= (236 \div 2) \times 10$$
$$= 118 \times 10$$
$$= 1180$$

となるからです。結局, 5をかけることは2で割って0を1つ追加することと同じことなのです。

このように, 5倍するなら, 2で割るほうがずっと楽です。同様に, 次の例のように, 5で割る場合も2をかけて10で割る (0を1つとる, つまり小数点を左に1個ずらす) 方がずっと楽です。

$$236 \div 5 = 236 \times 2 \div 10$$
$$= 472 \div 10$$
$$= 47.2$$

また, $\dfrac{43}{5}$ のような, 分母に5がくる分数でも, 分母と分子に2をかけて, 分母を10にすることで, 簡単に計算ができます。

$$\frac{43}{5} = \frac{43 \times 2}{5 \times 2} = \frac{86}{10} = 8.6$$

【コツ2】
計算視力で「× 5」は「÷ 2 × 10」と, 「÷ 5」は「× 2 ÷ 10」などと読み替える。分母が5の分数は分母・分子に2をかけ, 分母を10にする。

さらに，同じ論理で「×25」,「÷25」もそれぞれ「÷4×100」,「×4÷100」と読み替えるとすぐに計算ができますし，分母が25の分数の場合には，分母・分子に4をかけることですぐに値が出て便利です。25という数も，5ほどではないにしても日常生活ではよく出てくる数です。

例題2 　　$33 ÷ 25 = ?$

「÷25」を見つけたら，「×4÷100」の形に持ち込めばすぐ計算ができます。

$$33 ÷ 25 = 33 × 4 ÷ 100 \\ = 132 ÷ 100 \\ = 1.32$$

第1章 かけ算は計算力の基本

📝 練習2（5をかけたり，5で割ったりする計算視力）

以下の計算を瞬時にできるように練習してください。各問とも制限時間3秒。

(1) $256 \times 5 =$

(2) $742 \times 5 =$

(3) $349 \div 5 =$

(4) $709 \div 5 =$

(5) $44 \times 25 =$

(6) $62 \div 25 =$

【解答】
(1) $256 \times 5 = 256 \div 2 \times 10 = 1280$
(2) $742 \times 5 = 742 \div 2 \times 10 = 3710$
(3) $349 \div 5 = 349 \times 2 \div 10 = 69.8$
(4) $709 \div 5 = 709 \times 2 \div 10 = 141.8$
(5) $44 \times 25 = 44 \div 4 \times 100 = 1100$
(6) $62 \div 25 = 62 \times 4 \div 100 = 2.48$

●九九だけでは物足りない ──────────

18ページであげた例をもう一度見てみましょう。

$8 \times 8 =$

$18 \times 8 =$

8×8 は九九として暗記しているのですぐに計算結果が出ますが，18×8 は筆算してしまうので，時間がかかってしまうという話をしました。

ところで，なぜ1桁×1桁の計算結果だけを九九として暗記しているのでしょう？ それは簡単なことです。九九

を覚えないと筆算ができないからです。九九とは正しい答えを得るための必要最小限の知識だといえます。

言い換えると，計算力アップに必要な計算スピードのことはまったく考慮に入れていないのです。すなわち計算力をアップさせるためには，「九九だけでは十分ではない」ということになります。

例えば筆者がよく行くパン屋さんでは，1個126円のパンが多いのですが，そこは非常にお客さんが多いためレジがいつも混雑しています。そのため，そのパン屋さんの店員は126円のパンの個数がわかれば値段がすぐ計算できるように，値段と個数の関係を暗記しているのです。例えばパンが4個なら504円といった具合です。

このパン屋さんの例は少し特別かもしれませんが，例えばコンピュータエンジニアは $256 \times 256 = 65536$ といった仕事によく出てくる計算は暗記していますし，バスと電車を乗り継いで決まった場所に行く人は，交通費の合計を暗記していたりします。すなわち何度も繰り返す計算は「暗記」するということを，私たちは意識せずに行っているのです。

とは言え，いきなり九九以外の計算を「暗記」するのは大変なので，ここでは九九を少し拡張した計算とその結果を表にして載せておきます。特に覚えておくと便利なものは，太字で示してあります。ひと通り覚えられたら，次ページの練習問題で確認してみてください。最初からすべて覚えてしまおうとせず，表を参照しながら少しずつ覚えていくのがコツです。

	11	12	13	14	15	16	17	18	19		平方	立方
1	11	12	13	14	15	16	17	18	19	1	1	1
2	22	24	26	28	30	32	34	36	38	2	4	8
3	33	36	39	42	45	48	51	54	57	3	9	27
4	44	48	52	56	60	64	68	72	76	4	16	64
5	55	60	65	70	75	80	85	90	95	5	25	125
6	66	72	78	84	90	96	102	108	114	6	36	216
7	77	84	91	98	105	112	119	126	133	7	49	343
8	88	96	104	112	120	128	136	144	152	8	64	512
9	99	108	117	126	135	144	153	162	171	9	81	729
10	110	120	130	140	150	160	170	180	190	10	100	1000
11	121	132	143	154	165	176	187	198	209	11	121	1331
12	132	144	156	168	180	192	204	216	228	12	144	1728
13	143	156	169	182	195	208	221	234	247	13	169	2197
14	154	168	182	196	210	224	238	252	266	14	196	2744
15	165	180	195	210	225	240	255	270	285	15	225	3375
16	176	192	208	224	240	256	272	288	304	16	256	4096
17	187	204	221	238	255	272	289	306	323	17	289	4913
18	198	216	234	252	270	288	306	324	342	18	324	5832
19	209	228	247	266	285	304	323	342	361	19	361	6859

下線	覚えなくても簡単なもの
太字	覚えておくと便利なもの
網かけ	平方数（大切）

第1章　かけ算は計算力の基本

練習3（平方・立方の練習）

暗算で空欄をできるだけ早く埋めてください。
（何度も練習してみてください）

	11	12	13	14	15	16	17	18	19		平方	立方
1	11	12	13	14	15	16	17	18	19	1	1	1
2	22								38	2		
3	33								57	3		
4	44								76	4		
5	55								95	5		
6	66						102		114	6		
7	77						119		133	7		343
8	88		104				136		152	8		
9	99		117				153		171	9		729
10	110	120	130	140	150	160	170	180	190	10	100	1000
11			143	154		176	187	198	209	11		1331
12			156			204		228	12		1728	
13	143	156		182	195	208	221	234	247	13		2197
14	154		182			224	238	252	266	14		2744
15		195				255		285	15		3375	
16	176		208	224		272		304	16		4096	
17	187	204	221	238	255	272	289	306	323	17	289	4913
18	198		234	252			306	324	342	18	324	5832
19	209	228	247	266	285	304	323	342	361	19	361	6859

●**少し難しいかけ算の計算視力の練習**

さて,ウォームアップできたところで,さらに「計算視力」の練習をしましょう。

たとえば次のような計算をするとします。

例題3　　$48 \times 15 = ?$

これは前にも出てきた(偶数)×(5の倍数)の形なので,(偶数)の中から2とか4などを切り離して(5の倍数)のほうに先にかけてやるとうまくいくケースです。

$$\begin{aligned}
48 \times 15 &= (12 \times 4) \times 15 \\
&= 12 \times (4 \times 15) \\
&= 12 \times 60 \\
&= 720
\end{aligned}$$

この問題のように,$48 = 12 \times 4$,$4 \times 15 = 60$,$12 \times 6 = 72$など,九九以外のかけ算が出てくる場合には,前節で紹介した表を参照しながら,重要度の高い1桁×2桁,2桁×2桁の計算に持ち込めるよう少しずつ計算視力を練習してみてください。

ところで,頭の中だけでこのような変形がうまくいかない場合は,最初は計算の過程を口に出しながら計算してみてもよいでしょう。

「$48 \times 15 = 12 \times 4 \times 15 = 12 \times 60 = 720$」

(よんじゅうはちかけるじゅうごは,じゅうにかける……)

慣れてくると声に出さなくても，頭の中で瞬時に変形できるようになります。また，式の変形の手法は1種類だけではありません。例えば48 × 15 の場合，15 に偶数をかけて，

$$48 \times 15 = (8 \times 6) \times 15$$
$$= 8 \times (6 \times 15)$$
$$= 8 \times 90$$
$$= 720$$

とする方法もあります。

練習4（九九を拡張した計算視力）

以下の計算で計算視力の練習をしてください。各問とも制限時間5秒。

(1)　$55 \times 14 =$

(2)　$16 \times 35 =$

(3)　$65 \times 12 =$

(4)　$45 \times 32 =$

(5)　$28 \times 35 =$

(6)　$96 \times 15 =$

【解答】
(1)　$55 \times 14 = 110 \times 7 = 770$
(2)　$16 \times 35 = 8 \times 70 = 560$
(3)　$65 \times 12 = 130 \times 6 = 780$
(4)　$45 \times 32 = 90 \times 16 = 1440$
(5)　$28 \times 35 = 14 \times 70 = 980$
(6)　$96 \times 15 = 12 \times 8 \times 15 = 12 \times 120 = 1440$

●平方・立方も意外と重要

　実は,計算する際によく出てくるのが数字の平方・立方,すなわち同じ数字を2回,3回とかけ合わせる作業です。実はこれが意外と苦戦するのです。

　そこで,ここでも,1から19までの各数の平方・立方の計算結果を28ページの表の右欄にまとめておきました。わからなくなったら表を参照して,少しずつ覚えていってください。ひと通り覚えられたら29ページの練習問題に挑戦してみてください。

第1章 かけ算は計算力の基本

●平方・立法の計算に持ち込む計算視力の練習 ─────

　平方・立方の場合も基本的には前と同様です。ただし平方と立方の関係を見抜くための計算視力の練習がより必要となります（28ページの表を参照しても構いません）。

例題4　　(1) $36 \times 24 = ?$　　(2) $75 \times 15 = ?$

(1)　$36 \times 24 = (6 \times 6) \times (6 \times 4)$
　　　　　　　$= (6 \times 6 \times 6) \times 4$
　　　　　　　$= 216 \times 4$
　　　　　　　$= 864$

(2)　$75 \times 15 = (5 \times 15) \times 15$
　　　　　　　$= 5 \times (15 \times 15)$
　　　　　　　$= 5 \times 225$
　　　　　　　$= 1125$

練習5（計算視力の練習）

以下の計算を平方・立方の関係を使って瞬時にできるように練習してください（平方・立方の関係を見抜くのがコツ）。各問とも制限時間10秒。

(1)　$72 \times 6 =$

(2)　$24 \times 12 =$

(3)　$45 \times 15 =$

(4)　$16 \times 28 =$

(5)　$26 \times 65 =$

(6)　$66 \times 11 =$

(7)　$125 \times 64 =$

(8)　$45 \times 36 =$

(9)　$14 \times 35 =$

(10)　$3 \times 12 \times 15 =$

第1章　かけ算は計算力の基本

【解答】
(1) $72 \times 6 = 2 \times 6^3 = 2 \times 216 = 432$
(2) $24 \times 12 = 2 \times 12^2 = 2 \times 144 = 288$
(3) $45 \times 15 = 3 \times 15^2 = 3 \times 225 = 675$
(4) $16 \times 28 = 7 \times 4^3 = 7 \times 64 = 448$
(5) $26 \times 65 = 2 \times 5 \times 13^2 = 1690$
(6) $66 \times 11 = 6 \times 11^2 = 726$
(7) $125 \times 64 = 5^3 \times 4^3 = 20^3 = 8000$
(8) $45 \times 36 = 5 \times 4 \times 9^2 = 20 \times 81 = 1620$
(9) $14 \times 35 = 2 \times 5 \times 7^2 = 490$
(10) $3 \times 12 \times 15 = 4 \times 5 \times 3^3$
$= 20 \times 27$
$= 540$

●和差積を使った計算視力の練習

さて、平方・立方に少し強くなったところで、計算の奥の手をお教えしましょう。これは中学から高校にかけて学習する「展開」の公式を使った計算視力の練習です。

例えば次の例を暗算で行ってください。

第1章 かけ算は計算力の基本

例題 5

$$39 \times 41 = ?$$

この問題は，次のような計算視力を使えば数秒で解くことができます。

$$\begin{aligned}
39 \times 41 &= (40 - 1) \times (40 + 1) \\
&= 40^2 - 1^2 \\
&= 1600 - 1 \\
&= 1599
\end{aligned}$$

すなわち，かけ算をする2数の平均（例題では40）からの和と差に分解することで，展開の公式

$$(a + b)(a - b) = a^2 - b^2$$

に持ち込めるのです。この手は実はさまざまな場面で使えて便利なので「和差積のパターン」と名づけましょう。

【コツ3】

平均からの和と差に分解できそうなら，和差積のパターンに持ち込む。

練習6（和差積を使った計算視力）

　以下の計算を瞬時にできるように練習してください。各問とも制限時間7秒。

(1) $97 \times 103 =$

(2) $26 \times 24 =$

(3) $14 \times 18 =$

(4) $27 \times 13 =$

(5) $112 \times 108 =$

(6) $93 \times 87 =$

第1章 かけ算は計算力の基本

【解答】
(1) $97 \times 103 = (100 - 3) \times (100 + 3)$
$= 10000 - 9 = 9991$
(2) $26 \times 24 = (25 + 1) \times (25 - 1)$
$= 625 - 1 = 624$
(3) $14 \times 18 = (16 - 2) \times (16 + 2)$
$= 256 - 4 = 252$
(4) $27 \times 13 = (20 + 7) \times (20 - 7)$
$= 400 - 49 = 351$
(5) $112 \times 108 = (110 + 2) \times (110 - 2)$
$= 12100 - 4 = 12096$
(6) $93 \times 87 = (90 + 3) \times (90 - 3)$
$= 8100 - 9 = 8091$

●和差積の応用 ─────────────

 和差積にひと通り慣れたところで,次の例題を見てみましょう。

例題6 $38 \times 43 = ?$

 38×42 なら,2数の平均40を用いて和差積が使えるものの,38×43 は2数の平均が40.5となり,展開式を使うのは面倒そうですね。
 しかし,これもほんの少しの発想の転換で,和差積のパターンに持ち込むことができます。強引に 38×42 の形を

作り出すのです。

$$
\begin{aligned}
38 \times 43 &= 38 \times (42 + 1) \\
&= 38 \times 42 + 38 \\
&= (40 - 2) \times (40 + 2) + 38 \\
&= 40^2 - 2^2 + 38 \\
&= 1600 - 4 + 38 \\
&= 1600 + 34 \\
&= 1634
\end{aligned}
$$

すなわち，一見和差積に持ち込むのが難しそうに見える計算の場合でも，わずかな過不足を2数のいずれかに補っていくことで，強引に和差積のパターンに持ち込めばよいのです。

練習7（強引に和差積に持ち込む計算視力）

以下の計算を瞬時にできるように練習してください。各問とも制限時間15秒。

(1) $18 \times 23 =$

(2) $34 \times 27 =$

(3) $47 \times 54 =$

【解答】

(1) $18 \times 23 = 18 \times 22 + 18$
$= (20 - 2) \times (20 + 2) + 18$
$= 400 - 4 + 18 = 414$

(2) $34 \times 27 = 33 \times 27 + 27$
$= (30 + 3) \times (30 - 3) + 27$
$= 900 - 9 + 27 = 918$

(3) $47 \times 54 = 47 \times 53 + 47$
$= (50 - 3) \times (50 + 3) + 47$
$= 2500 - 9 + 47 = 2538$

●累乗の計算視力

累乗もかなり出現頻度が高い計算です。とくに2の累乗, 3の累乗, 5の累乗で, 計算によく出てくる数字をまとめておきます。わからなくなったら, 繰り返し参照してください (※は特に重要度の高い数字)。

2の累乗

※ $2^1 = 2$
※ $2^2 = 4$
※ $2^3 = 8$
※ $2^4 = 16$
※ $2^5 = 32$

- ※ $2^6 = 64$
- ※ $2^7 = 128$
- ※ $2^8 = 256$
- $2^9 = 512$
- ※ $2^{10} = 1024$
- $2^{11} = 2048$
- $2^{12} = 4096$
- $2^{13} = 8192$
- $2^{14} = 16384$
- $2^{15} = 32768$
- ※ $2^{16} = 65536$

3の累乗

- ※ $3^1 = 3$
- ※ $3^2 = 9$
- ※ $3^3 = 27$
- ※ $3^4 = 81$
- ※ $3^5 = 243$
- ※ $3^6 = 729$

5の累乗

- ※ $5^1 = 5$
- ※ $5^2 = 25$
- ※ $5^3 = 125$
- ※ $5^4 = 625$
- $5^5 = 3125$

累乗の数字がかけ算の中に入っている場合は、逆に累乗の形になるよう計算視力を働かせると、意外と簡単に解けます。

例題7 $16 \times 125 = ?$

$$\begin{aligned}16 \times 125 &= 2^4 \times 5^3 \\ &= (2 \times 5)^3 \times 2 \\ &= 2000\end{aligned}$$

この問題を解くための計算視力とは、2^4 と 5^3 を分解し、先に2と5をかけてから3乗する計算に問題を読み替えてやることです。

第 1 章　かけ算は計算力の基本

📝 練習 8（計算視力）

以下の計算を瞬時にできるように練習してください。各問とも制限時間 10 秒。

 （1）　$32 \times 625 =$

 （2）　$81 \times 16 \times 125 =$

 （3）　$48 \times 375 =$

 （4）　$225 \times 32 =$

【解答】
(1) $32 \times 625 = 2^5 \times 5^4 = 2 \times 10^4 = 20000$
(2) $81 \times 16 \times 125 = 81 \times 2^4 \times 5^3$
$= 81 \times 2 \times 10^3 = 162000$
(3) $48 \times 375 = 2^4 \times 3 \times 3 \times 5^3$
$= 2 \times 3 \times 3 \times 10^3 = 18000$
(4) $225 \times 32 = 3^2 \times 5^2 \times 2^5 = 2 \times 60^2 = 7200$

●かけ算・割り算は計算順序を入れ替える ──────

次の式を見てください。

$45 \times 325 \div 1500 = ?$

実はこの計算は，ある化学の問題集の解答から抜粋したものです。化学の問題を解くときなど，かけ算と割り算が混ざった計算をするのに，まず 45×325 を最初に計算し始める学生が少なからずいます。すなわち，

$$45 \times 325 \div 1500 = (45 \times 325) \div 1500$$
$$= 14625 \div 1500$$
$$= 9.75$$

第 1 章　かけ算は計算力の基本

と計算するのです。

しかし，この問題の場合，45×325 の後に $\div 1500$ があるので，順番を入れ替えてやると非常に計算が簡単になります。すなわち，

$$
\begin{aligned}
45 \times 325 \div 1500 &= (45 \div 1500) \times 325 \\
&= (3 \div 100) \times 325 \\
&= 975 \div 100 \\
&= 9.75
\end{aligned}
$$

というように，45×325 といった複雑な計算をうまく回避できます。要はかけ算・割り算は順序が大切ということです。

もちろん表現が変わって，

$$\frac{45}{1500} \times 325$$

という計算も同じことです。こちらだと，分母の 1500 と分子の 45 が近くにある分，先に約分すればよいことに気がつきますが，どんな場合にも計算が簡略化できないか，計算を始める前に少し順序の入れ替えを考えるクセをつけることが大切です。

もう 1 問見てみましょう。

$32 \times 43 \times 625 = ?$

43 を見た瞬間，「どうしよう」と思ってしまいますが，実はこれも順序の入れ替えが威力を発揮します。というの

も，$32 = 2^5$，$625 = 5^4$ なので，これらを計算視力で先に計算すると簡単になるのです。すなわち，

$$\begin{aligned}
32 \times 43 \times 625 &= (32 \times 625) \times 43 \\
&= (2 \times 5)^4 \times 2 \times 43 \\
&= 20000 \times 43 \\
&= 860000
\end{aligned}$$

特に化学の計算問題のように，かけ算や割り算，足し算や引き算，分数などが混在している場合には，計算順序を替えるだけで難しそうな数値が割り切れたりするような問題の設定になっていることがよくあります。計算の順序を入れ替えるか入れ替えないかで，後々の計算の難易度が大きく変わってしまいます。

仮に順序の入れ替えや約分を用いずに最終的に正しい解答に到達することができたとしても，時間のロスは試験の際に大きなマイナス要因となりますし，計算間違いの可能性も大きくなります。必ず順序の入れ替えをして，最小の計算量で正確に計算することを心がけてください。

---【コツ4】---
いくつもの数をかけ算・割り算するときは，うまく順序を入れ替えてから計算をはじめる。

第 1 章　かけ算は計算力の基本

🖉 練習 9（かけ算・割り算の順序の入れ替え）

　以下の計算を暗算できるよう練習してください。各問とも制限時間 15 秒。

(1)　$38 \div 54 \times 270 = ?$

(2)　$98 \times 120 \div 23 \times 46 \div 49 \div 48 = ?$

(3)　$81 \times 75 \times 125 \times 32 = ?$

【解答】
(1)　$38 \div 54 \times 270$
　　$= 38 \times (270 \div 54)$
　　$= 38 \times 5$
　　$= 190$
(2)　$98 \times 120 \div 23 \times 46 \div 49 \div 48$
　　$= (98 \div 49) \times (46 \div 23) \times 120 \div 48$
　　$= 2 \times 2 \times 120 \div 48$
　　$= 480 \div 48$
　　$= 10$
(3)　$81 \times 75 \times 125 \times 32$
　　$= 81 \times (75 \times 125 \times 32)$
　　$= 81 \times (75 \times 4 \times 125 \times 8)$
　　$= 81 \times (300 \times 1000)$
　　$= 24300000$

● 分数変換 ── 0.05 の倍数

　日常生活では、意外と（整数×小数）のかけ算をする機会が多いことに気づきます。例えば買い物をするときでも、「タイムサービス全品2割引き」というときには、0.8 という小数をかけ算することになります。ほかにも税金の計算にしろ、営業成績の目標にしろ、小数をかけ算することが非常に多いのです。

　ところが、小数には欠点があります。それはかけ算が意外と面倒くさいということです。電卓があれば、数字キーをパタパタ叩けばそれなりの答えが出てくるでしょうが、

第1章　かけ算は計算力の基本

電卓がない状況で，瞬間的に小数のかけ算をしないといけない場面もよくあります。そんなときに便利なのが「分数変換」です。

分数のよい点は，「約分」ができる点です。すなわちかけ算をする前に，計算そのものを簡略化できるわけです。これを使わない手はありません。

そのためには，まず小数をすぐ分数に変換できるよう，小数→分数の変換を練習することです。分数変換を武器に計算視力の練習をすれば，いままで小数計算で手間取っていた計算も，早く答えにたどり着くことができます。

そこで，日常生活でよく使う 0.05 の倍数をまとめておきます。わからなくなったら繰り返し参照してください。

※　$0.05 = \dfrac{1}{20}$

※　$0.15 = \dfrac{3}{20}$

※　$0.25 = \dfrac{1}{4}$

※　$0.35 = \dfrac{7}{20}$

※　$0.45 = \dfrac{9}{20}$

※　$0.55 = \dfrac{11}{20}$

※　$0.65 = \dfrac{13}{20}$

※　$0.75 = \dfrac{3}{4}$

※　$0.85 = \dfrac{17}{20}$

※　$0.95 = \dfrac{19}{20}$

●分数変換法を用いた計算視力 1 ──────────

　次に 0.05 の倍数の分数変換を用いた計算視力の練習をします。分数変換を使って計算をすることを「分数変換法」と名づけます。次の例を見てみましょう。

例題 8)　　$84 \times 0.75 = ?$

　こんな場合に，前にまとめた分数変換が役に立ちます。

$$84 \times 0.75 = 84 \times \dfrac{3}{4}$$
$$= (84 \div 4) \times 3$$
$$= 21 \times 3$$
$$= 63$$

　すなわち，この場合は 0.75 を分数変換し，先に分母の 4 で 84 を割ってやれば，かなり計算が楽になるというわけです。もうひとつ例をあげておきましょう。

第1章 かけ算は計算力の基本

例題 9 $220 \times 0.95 = ?$

これも 0.95 を分数変換すれば,実は簡単な整数のかけ算に変換できます。

$$220 \times 0.95 = 220 \times \frac{19}{20}$$
$$= (220 \div 20) \times 19$$
$$= 11 \times 19$$
$$= 209$$

このように,分数変換を使うことで,前もって約分をして,余計なかけ算を避けることができるわけです。こうすれば,ややこしそうな小数のかけ算も,意外と簡単にできるようになるのではないでしょうか?

―【コツ 5】――――――――――――――――――
小数のかけ算はできるだけ分数変換して,前もって約分をしておく。

🖉 練習 10（分数変換法）

以下の計算を瞬時にできるように練習してください。各問とも制限時間 5 秒。

(1) $24 \times 0.25 =$

(2) $80 \times 0.35 =$

(3) $68 \times 0.75 =$

(4) $16 \times 0.15 =$

(5) $36 \times 0.45 =$

(6) $26 \times 0.65 =$

第1章　かけ算は計算力の基本

【解答】

(1) $24 \times 0.25 = 24 \times \dfrac{1}{4} = 6$

(2) $80 \times 0.35 = 80 \times \dfrac{7}{20} = 4 \times 7 = 28$

(3) $68 \times 0.75 = (17 \times 4) \times \dfrac{3}{4} = 17 \times 3 = 51$

(4) $16 \times 0.15 = 16 \times \dfrac{3}{20} = 0.8 \times 3 = 2.4$

(5) $36 \times 0.45 = 36 \times \dfrac{9}{20} = 1.8 \times 9 = 16.2$

(6) $26 \times 0.65 = 26 \times \dfrac{13}{20} = 1.3 \times 13 = 16.9$

●そのほかの重要な分数変換 ―――――――――

そのほか,小数→分数変換のうち,よく使うものをあげておきます(一部重複するものもあります)。

※ $0.2 = \dfrac{1}{5}$

※ $0.4 = \dfrac{2}{5}$

※ $0.6 = \dfrac{3}{5}$

※ $0.8 = \dfrac{4}{5}$

第1章　かけ算は計算力の基本

※　$0.2 = \dfrac{1}{5}$

※　$0.04 = \dfrac{1}{25}$

※　$0.008 = \dfrac{1}{125}$

※　$0.125 = \dfrac{1}{8}$

※　$0.375 = \dfrac{3}{8}$

※　$0.625 = \dfrac{5}{8}$

※　$0.875 = \dfrac{7}{8}$

※　$0.5 = \dfrac{1}{2}$

※　$0.25 = \dfrac{1}{4}$

※　$0.125 = \dfrac{1}{8}$

※　$0.0625 = \dfrac{1}{16}$

● **分数変換法を用いた計算視力 2**

0.05 の倍数以外にも分数変換法を用いると，計算がもっと簡単になるものもあります。実感してみてください。

例題 10　　$375 \times 0.04 = ?$

0.04 を $\frac{1}{25}$ と変換することで，375 と約分することができます。375 も，125×3 であることに注意すれば，意外と簡単なかけ算であることが見抜けます。

$$\begin{aligned}375 \times 0.04 &= (125 \times 3) \times \frac{1}{25} \\ &= 3 \times (125 \div 25) \\ &= 3 \times 5 \\ &= 15\end{aligned}$$

第1章 かけ算は計算力の基本

📝 練習11（分数変換法）

以下の計算を瞬時にできるように練習してください。各問とも制限時間7秒。

(1) $96 \times 0.125 =$

(2) $56 \times 0.625 =$

(3) $75 \times 0.28 =$

(4) $175 \times 0.16 =$

(5) $256 \times 0.375 =$

(6) $48 \times 0.0625 =$

【解答】

(1) $96 \times 0.125 = (8 \times 12) \times \dfrac{1}{8} = 12$

(2) $56 \times 0.625 = 56 \times \dfrac{5}{8} = 35$

(3) $75 \times 0.28 = 75 \times \dfrac{7}{25} = 21$

(4) $175 \times 0.16 = (25 \times 7) \times \dfrac{4}{25} = 28$

(5) $256 \times 0.375 = 2^8 \times \dfrac{3}{8} = 2^5 \times 3 = 96$

(6) $48 \times 0.0625 = (16 \times 3) \times \dfrac{1}{16} = 3$

●比の扱い ─────────────────

比は日常的によく使う概念ですが,数式で表すことはあまりありません。そのようなわけで,普段は意識せずにお世話になっているにもかかわらず,学校を卒業して以来,ほとんどお目にかからないのが実情です。

中学校などでは,

　A : B = C : D

という式を見かけたら,すぐに外項と内項の積の式より

　AD = BC

と変換していたという読者のみなさんも多いでしょう。

第 1 章　かけ算は計算力の基本

実際筆者の教室にもそういう高校生がたくさんいます。

　日常生活においては，比はいたるところに登場します。1 ヵ月で水道代が 2000 円だったら，1 年間でいくらぐらいになるのか？　毎日 2 km 走ったら，1 年間で何 km 走ることになるのかなど，枚挙にいとまがありません。それなのに，比を見かけるたびに AD＝BC の形にしてから方程式を暗算で解いていたら，計算も大変ですし，そもそも時間のムダです。

　もちろん「比の問題」を解くにもコツがあります。次の例で考えてみましょう。

例題 11　　2 g の食塩を水に溶かして食塩水を 500g 作りました。この食塩水 150 g の中には何 g の食塩が溶けているでしょう？

　典型的な比の問題です。こういうのが苦手な人も多いのではないでしょうか？　そういう人の多くは，暗算しようとすると「かけ算と割り算を使うのはわかるけれど，どれとどれをかけて，どれで割るのか？」というのがわからなくなってしまうようです。そこで，

　　$2 : 500 = x : 150$

という式を立てて計算しようとするわけです。式を移項したりして計算しますから，時間がかかってしまいます。
　ではどう考えるのか？
　まず「2 g に何かをかけるとよい」ということは，分かりますか？　出てくる答えは「2 g」と同じ単位の数です

(専門的には「同じ次元」と言います)。

あとは「最終的な答えは2gより少ないはずだから,2gに1より小さい数をかける,ということは$\frac{500}{150}$じゃなくて$\frac{150}{500}$をかけるんだな」というふうに考えます。すなわち理論的に考えるのではなく,「答えがこれぐらいになるはずだから,きっとこうするのだな」というふうに答えから式を立てるのです。

「そんなことしていいの?」と思われる読者もいるかもしれませんが,計算力とはそういうものです。とにかく正しい答えに少しでも早く到達すればそれでよいのです。

【コツ6】

比の問題は,頭を使って解こうとせず,答えから式を組み立てる。

実際,計算の速い人はこのように答えを予測しながら計算しているようです。実は,計算の速い学生を何人も観察してみると,数学の成績がよい学生ほど計算の間違え方が大胆なようなのです。「あ,かけるほうと割るほう間違えた!」など,直感的に計算を行っているのです。

少し話がそれましたが,ともかく以上のことから,問題文を見ながら,次の式を頭の中で作るのです。

$$2 \times \frac{150}{500} = ?$$

ここからは計算視力を働かせてください。

第1章　かけ算は計算力の基本

$$2 \times \frac{150}{500} = 2 \times 0.3$$
$$= 0.6$$

となります。またはこちらでもいいでしょう。

$$2 \times \frac{150}{500} = \frac{150}{500} \times 2$$
$$= \frac{300}{500}$$
$$= \frac{3}{5}$$
$$= 0.6$$

練習12（比の計算）

次の空欄に適当な数字を入れてください。各問とも制限時間20秒。

(1) 12日につき8秒進む時計は27日間に□秒進む。

(2) 9km進むのに□リットルのガソリンを消費する自動車は24km進むのに4リットルのガソリンを消費する。

(3) 100gあたり250円の牛肉を□g買うと400円である。

【解答】

(1)　$8 \text{秒} \times \dfrac{27}{12} = 18 \text{秒}$

(2)　$4 \text{リットル} \times \dfrac{9}{24} = 1.5 \text{リットル}$

(3)　$100 \text{g} \times \dfrac{400}{250} = 160 \text{g}$

●分数の約分 ─────────────────

　比を扱う際に避けて通れないのが分数の計算です。特に約分は計算の時間短縮に欠かせません。

　例えば次のような計算を考えましょう。

例題 12　$12 \times \dfrac{34}{85} = ?$

　この計算をするときに 12×34 をそのまま計算しようとすると，計算に時間がかかるばかりでなく，計算間違いをする可能性が増えます。この問題のように，約分できるならできるだけ先に約分します。すなわち，

$$12 \times \frac{34}{85} = 12 \times \frac{2}{5}$$

$$= \frac{12 \times 2}{5}$$

$$= \frac{24}{5}$$

$$= \frac{48}{10} \quad \cdots（分母・分子に 2 をかける）$$

$$= 4.8$$

とするべきです。特に，分母が 5 の場合には，分母・分子に 2 をかけて，分母を 10 にすると計算が簡単になります。もちろん，すべての分数が約分できるわけではありませんが，分数を見て，とっさに，約分できるかどうか，その他の計算テクニックが使えないかどうかを見抜く計算視力の練習が必要です。

そこで，ここからは補習にして，約分の計算法について考えてみましょう。ここに書くことは，昔，学校で習ったことがある知識かもしれませんので，もしも「そんなのは大丈夫」という読者の方がいらっしゃいましたら，読み飛ばしていただいてもかまいません。

補習1　分数の約分の仕方

まず約分で大切なことは、分母・分子の公約数、できれば最大公約数を瞬時に思いつくことです。

例えば64と48と聞けば、たいてい8の倍数であることを思いつきます。これは64も48もともに九九の8の段で登場するからです。

では次の例題はどうでしょう。

例題13　$\dfrac{96}{132}$ **を約分してください。**

132と96と聞くと、本書の読者のみなさんはきっと「12」が頭に浮かぶかもしれません。これは九九の勉強だけではなく、いくつかの数字のかけ算を暗記しているからこそ、瞬時に思いつくものなのです（もしも瞬時に12が出てこなかったなら、ぜひ28ページ表中の12の段のかけ算を復習してみてください）。

もしも$\dfrac{96}{132}$の分母・分子の公約数を思いつかなかったとすると、どういう計算をするでしょうか？　とりあえず2で約分して$\dfrac{48}{66}$、それをさらに2で約分して$\dfrac{24}{33}$、3で約分して$\dfrac{8}{11}$と、小さい数で何回も約分していくに違いありません。それでは効率も悪く、暗算ではなかなか正解にたどり着けません。

そこで約分の計算は、できる限り大きい公約数で割ることで、計算時間を短縮することを心がけます。式でまとめ

第1章 かけ算は計算力の基本

るとこういうことになります。

最大公約数の 12 がすぐに思いつかないとき：

$$\frac{96}{132} = \frac{48}{66} \quad \cdots（分母・分子を 2 で約分）$$

$$= \frac{24}{33} \quad \cdots（分母・分子を 2 で約分）$$

$$= \frac{8}{11} \quad \cdots（分母・分子を 3 で約分）$$

最大公約数の 12 に気づいたとき：

$$\frac{96}{132} = \frac{8}{11} \quad \cdots（分母・分子を一気に 12 で約分）$$

すなわち，132 と 96 の 2 数を見て，最大公約数の 12 に気づけば，それで一気に割って 1 回で約分できてしまうのです。

―【コツ 7】――――――――――――――――――
約分は，できるだけ大きい公約数で割る。
―――――――――――――――――――――――

このことを練習してみましょう。

練習 13（約分）

次の分数を約分してください。各問とも制限時間 10 秒。

(1) $\dfrac{72}{108}$

(2) $\dfrac{52}{91}$

(3) $\dfrac{30}{225}$

(4) $\dfrac{48}{256}$

(5) $\dfrac{35}{98}$

（解答は章末 74 ページ参照）

補習 2 「ユークリッドの新互除法」

次に，即座に公約数を思いつかないときのとっておきの計算法をお教えします。「とっておき」といいつつ，実は 2000 年以上も前にギリシャのエウクレイデス（英語読みでユークリッド）が考え出したとされている「ユークリッドの互除法」という手法を少し改良したものですので「**ユークリッドの新互除法**」と呼ぶことにします。

たとえば次の例を見てください。

$\dfrac{221}{299}$

第1章　かけ算は計算力の基本

　この分数を約分しようと思っても，299と221の公約数はなかなか思いつきません。こんなときにユークリッドの互除法が役に立ちます。まずは昔から伝わるユークリッドの互除法で公約数を見つけてみましょう。

　まず299÷221（大きい方を小さい方で割ります）を計算して，そのあまりを求めます（商は必要ありません）。この場合

$$299 \div 221 = 1 \text{ あまり } 78$$

です。次に221÷78を計算します。この場合，

$$221 \div 78 = 2 \text{ あまり } 65$$

です。さらに78÷65を計算します。この場合，

$$78 \div 65 = 1 \text{ あまり } 13$$

です。さらに65÷13を計算します。この場合，

$$65 \div 13 = 5 \text{ あまり } 0$$

です。

　あまりが0になった（割り切れた）時点で終了します。で，そのときに割った数（この例の場合，13）が最大公約数です。

　このように，直前の割り算のあまりで小さいほうの数を割っていくことで，自然と公約数が求まるのです。これがユークリッドの互除法です。

　この手法のいい点は同じ作業の繰り返しで，いつの間にか答えが出てきていることですが，その一方で少し時間が

かかることが難点です。

そこで，私たちは次に紹介する「ユークリッドの新互除法」を使って公約数を求めることにしましょう。

まず第1段階は同じです。299÷221 を計算してください。あまりは 78 です。

この 78 が，「何×何」かを見抜いてください。

そう，この場合は 13×6 = 78 です（28 ページ表参照）。

そこで 299 が，13 の倍数か，もしくは 6 の倍数か，それぞれ実際に計算視力で割り出してみます。

299 が 13 の倍数か？ 299÷13 の計算を視野に入れながらよく目を凝らすと，

$$299 = 260 + 39$$

であることが見えてきます。26 も 39 も 28 ページ表中の 13 の段で出てきているので，299 は 13 の倍数ということになります。

そこで，299 と 221 を 13 で約分すればよいことがわかります。

$$\frac{221}{299} = \frac{17}{23}$$

ちなみに，299 と 221 をそれぞれ 13 で割る計算は，筆算を使うのが一般的ですが，これまでの計算視力の訓練からかけ算の知識の応用であることがおわかりいただけると思います。したがって，約分の計算も練習しだいで暗算ですぐにできるようになるはずです。

第1章 かけ算は計算力の基本

📝 練習14（ユークリッドの新互除法）

次の分数をできるだけ短時間で約分してください（筆算可）。各問とも制限時間30秒。

(1) $\dfrac{391}{437}$

(2) $\dfrac{527}{731}$

(3) $\dfrac{899}{1271}$

（解答は章末74ページ参照）

補習3　倍数判定法

　結局，今まで見てきたように，かけ算と割り算が混じっている計算においては，計算視力でできるかぎり約分をしておくことが重要な鍵となります。また，約分の際に重要なのは，分母と分子の公約数をできるだけ速く見つけることであることもわかりました。

　そこでここでは，そういった約分の際に知っておいたほうが便利な「倍数判定法」をおさらいしておきます。

2の倍数（偶数）
◇1の位が偶数なら偶数，奇数なら奇数。

例）3458　　→　　1の位が「8」なので，偶数。
例）2965　　→　　1の位が「5」なので，奇数。

4の倍数
◇下2桁が4で割り切れたら4の倍数。

例) 3452 → 下2桁「52」は4で割り切れるので, 4の倍数。

例) 2974 → 下2桁「74」は4で割り切れないので, 4の倍数ではない。

8の倍数
◇下3桁が8で割り切れたら8の倍数。または, 下2桁が4で割り切れ, かつ (その商+100の位の数) が偶数なら8の倍数。

例) 128 → 28は4で割り切れ, かつ $(28 ÷ 4) + 1 = 8$ は偶数なので, 128は8の倍数。

例) 628 → 28は4で割り切れるが, $(28 ÷ 4) + 6 = 13$ は奇数なので, 628は8の倍数ではない。

3の倍数, 9の倍数
◇全桁の数字を足し合わせて, その答えが3の倍数なら元の数も3の倍数。
◇全桁の数字を足し合わせて, その答えが9の倍数なら元の数も9の倍数。

例) 628 → $6 + 2 + 8 = 16$ なので, 3の倍数でも9の倍数でもない。

例) 828 → $8 + 2 + 8 = 18$ なので, 9の倍数。

第1章 かけ算は計算力の基本

📝 練習 15（倍数判定法）

次の数値から (1) 4の倍数, (2) 8の倍数, (3) 3の倍数, (4) 9の倍数をそれぞれ見つけてください。

- ⓐ 1238
- ⓑ 4182
- ⓒ 6722
- ⓓ 8544
- ⓔ 3372
- ⓕ 5364
- ⓖ 9936
- ⓗ 2904
- ⓘ 7638
- ⓙ 10864

（解答は章末 74 ページ参照）

【練習 13　解答】

(1) $\dfrac{72}{108} = \dfrac{2}{3}$　　…（36 で約分）

(2) $\dfrac{52}{91} = \dfrac{4}{7}$　　…（13 で約分）

(3) $\dfrac{30}{225} = \dfrac{2}{15}$　　…（15 で約分）

(4) $\dfrac{48}{256} = \dfrac{3}{16}$　　…（16 で約分）

(5) $\dfrac{35}{98} = \dfrac{5}{14}$　　…（7 で約分）

【練習 14　解答】

(1) $\dfrac{391}{437} = \dfrac{17}{19}$　　…（23 で約分）

(2) $\dfrac{527}{731} = \dfrac{31}{43}$　　…（17 で約分）

(3) $\dfrac{899}{1271} = \dfrac{29}{41}$　　…（31 で約分）

【練習 15　解答】

(1) ⓓⓔⓕⓖⓗⓙ
(2) ⓓⓖⓗⓙ
(3) ⓑⓓⓔⓕⓖⓗⓘ
(4) ⓕⓖ

第2章

足し算は
かけ算の応用

●足し算のコツは「かけ算への持ち込み」

　さて,いよいよ足し算に入っていきます。かけ算の最初でも書きましたが,かけ算はすべての計算の基本です。足し算はかけ算より簡単そうに見えて,実はかけ算より奥が深いのです。その理由は以下の3つです。

1. 足し算は記憶に頼る部分が意外と少ない
　足し算はかけ算に比べて記憶に頼る部分が少なく,どんな計算でもある程度の時間を割いて計算しないといけません。例えば 68 × 55 の場合,計算視力に持ち込んで,340 × 11 にすれば 3740 という答えがすぐに出てくるのですが,68 + 55 の場合はひたすら計算をするのみです。

2. かけ算と違っていくつもの数を足し算することが多い
　日常生活で 10 個の数をかけ算するケースはほとんどありませんが,10 個の数を足し算することはよくあります。例えばスーパーマーケットで 10 個の品物を購入したときに,レジでは 10 個の数の足し算が行われます。

3. 足し算をかけ算に持ち込むことが多い
　多くの数を足し算する場合,計算視力を使ってかけ算に持ち込むことで,計算を単純化することができます。その際,かけ算で培った計算視力をそのまま用いることができます。かけ算がすらすらとできる計算力がなければ,足し算の計算力は向上しません。

第 2 章　足し算はかけ算の応用

$$
\begin{aligned}
48 + 84 + 36 &= 12 \times 4 + 12 \times 7 + 12 \times 3 \\
&= 12 \times (4 + 7 + 3) \\
&= 12 \times 14 \quad \cdots（かけ算に持ち込む）\\
&= 168
\end{aligned}
$$

このように，足し算を効率よく行うためには，どうしても先にかけ算の練習が必要なのです。

かけ算の際のキーワードは「暗記力」と「計算視力」だと書きました。足し算のキーワードは「かけ算への持ち込み」です。かけ算への持ち込みのための手法として「平均」を使う方法と「まんじゅう数え上げ方式」があります。

● 「平均」は足し算とかけ算の架け橋 ───────

いくつかの数を足し算するときには，値の「程度」のようなものを考えます。この値の「程度」を表す数として「平均」を用いる手法を紹介します。

次の足し算を考えてみましょう。

例題 1　　$71 + 80 + 78 + 82 + 87 + 81 = ?$

この場合，大体 80 のあたりにすべての数が分布していることに気がつきます。そこですべての数を 80 からの和と差でとらえてみると意外と簡単に答えが出てきます。

$$
\begin{aligned}
&71 + 80 + 78 + 82 + 87 + 81 \\
&= (80-9) + 80 + (80-2) + (80+2) + (80+7) \\
&\quad + (80+1) \\
&= 80 \times 6 + (-9 - 2 + 2 + 7 + 1) \\
&= 480 - 1 \\
&= 479
\end{aligned}
$$

ところでこのように「すべての値が80のあたりに分布していることなんて現実にあるの？」という疑問が起こるかもしれません。しかし少し考えてみてください。

例えばスーパーマーケットへ買い物に行って、カゴの中にダイヤの指輪や高級腕時計と、牛乳や卵を一緒に入れるということはありえません。カゴの中の品物は高くてもせいぜい1個500円とか1000円ぐらいのものです。すなわち、カゴの中身の金額を足し算する場合、品物の値段には平均的な「程度」が存在するのです。

それはスーパーの買い物カゴに限らず、足し算を使うほとんどの状況、つまり日常生活においてあてはまります。

ちなみに先ほど例としてあげた足し算の例題は、6人の学生の、とある試験の点数の合計点を計算したものです。

第 2 章　足し算はかけ算の応用

練習 1（足し算の平均への持ち込み）

次の計算をできるだけ速く暗算で行ってください。各問とも制限時間 10 秒。

(1)　16 + 19 + 23 + 19 + 22 =

(2)　22 + 24 + 25 + 26 + 28 =

(3)　79 + 76 + 83 + 81 + 84 + 75 =

(4)　24 + 20 + 23 + 24 + 24 + 24 + 24 + 28 =

【解答】
(1) $16 + 19 + 23 + 19 + 22$
 $= 20 \times 5 + (-4 - 1 + 3 - 1 + 2) = 99$
(2) $22 + 24 + 25 + 26 + 28$
 $= 25 \times 5 + (-3 - 1 + 1 + 3) = 125$
(3) $79 + 76 + 83 + 81 + 84 + 75$
 $= 80 \times 6 + (-1 - 4 + 3 + 1 + 4 - 5)$
 $= 478$
(4) $24 + 20 + 23 + 24 + 24 + 24 + 24 + 28$
 $= 24 \times 8 + (-4 - 1 + 4) = 191$

●等差数列を「平均」でかけ算に持ち込む ─────

次の式を見てください。

例題2 $4 + 5 + 6 + 7 + 8 = ?$

この問題で気づくことは4, 5, 6, 7, 8の5つの数が, 連続した整数だということです。

このように, その差が常に一定な数の列のことを「等差数列」と呼びます。このように1ずつ増えるもののほかにも 1, 3, 5, 7, 9 などのように2ずつ増えるものや, 20, 16, 12, 8 などのように4ずつ減るものも等差数列です。

例えば等差数列の足し算

第2章 足し算はかけ算の応用

$4+5+6+7+8$ の計算をするときに，
$4+5=9$
$\qquad 9+6=15$
$\qquad\qquad 15+7=22$
$\qquad\qquad\qquad 22+8=30$

と1つずつ計算していると，時間がかかります。今は1桁の数が5つでどうにかなりましたが，桁数が増えたり数が増えたりすると結構時間も手間もかかり，計算間違いする可能性も高くなります。

実は，等差数列を足し算する場合，とてもいい方法があります。キーワードはやはり「平均」です。「『平均』って足し算したり割り算したりするからもっと時間がかかるんじゃないの？」と思う方もいらっしゃるでしょうが，等差数列の場合はとても簡単なのです。なぜなら「真ん中の数」が平均になるからです。

4，5，6，7，8の場合，真ん中の数，この場合は6が平均です。そこで「平均6の数が5個ある」と考えると，答えは簡単に出てきます。

$$4+5+6+7+8=6\times 5=30$$

等差数列で「平均」を利用する場合の基本は，以下の2つです。

1. 奇数個の等差数列の場合，それらの平均は真ん中の数字なので，それらの和は（真ん中の数）×個数。

例) 22, 24, 26, 28, 30 の場合, 平均は真ん中の 26 なので,

$$22 + 24 + 26 + 28 + 30 = 26 \times 5 \\ = 130$$

2. 偶数個の等差数列の場合, それらの平均は真ん中の 2 つの数字の平均なので, それらの和は,

$$\frac{(真ん中の 2 数の和)}{2} \times 個数$$

=(真ん中の 2 数の和)×(個数の半分)

この場合, 真ん中の 2 数の平均を求める際の「÷2」の部分を, 計算視力で個数にかけると, 楽に計算できます。

例) 22, 24, 26, 28, 30, 32 の場合, 平均は真ん中の 26 と 28 の平均。

$$22 + 24 + 26 + 28 + 30 + 32 = \frac{(26 + 28)}{2} \times 6 \\ = (26 + 28) \times \frac{6}{2} \\ = 54 \times 3 \\ = 162$$

【コツ 8】

等差数列は(平均×個数)のかけ算に持ち込む。

ここで, 等差数列の平均を使った計算視力の練習をしてみましょう。

第 2 章　足し算はかけ算の応用

📝 練習 2（等差数列の平均への持ち込み）

次の計算をできるだけ速く暗算で行ってください。各問とも制限時間 5 秒。

(1)　$15 + 16 + 17 + 18 + 19 =$

(2)　$22 + 24 + 26 + 28 + 30 =$

(3)　$40 + 35 + 30 + 25 + 20 =$

(4)　$32 + 35 + 38 + 41 + 44 =$

(5)　$27 + 30 + 33 + 36 + 39 =$

(6)　$12 + 13 + 14 + 15 =$

(7)　$7 + 9 + 11 + 13 + 15 + 17 =$

(8)　$75 + 79 + 83 + 87 + 91 + 95 =$

(9)　$58 + 61 + 64 + 67 + 70 + 73 + 76 + 79 + 82 =$

(10)　$7 + 10 + 13 + 16 + 19 + 22 + 25 + 28 =$

【解答】

(1) $15 + 16 + 17 + 18 + 19 = 17 \times 5 = 85$

(2) $22 + 24 + 26 + 28 + 30 = 26 \times 5 = 130$

(3) $40 + 35 + 30 + 25 + 20 = 30 \times 5 = 150$

(4) $32 + 35 + 38 + 41 + 44 = 38 \times 5 = 190$

(5) $27 + 30 + 33 + 36 + 39 = 33 \times 5 = 165$

(6) $12 + 13 + 14 + 15 = (13 + 14) \times 2 = 54$

(7) $7 + 9 + 11 + 13 + 15 + 17$
$= (11 + 13) \times 3 = 72$

(8) $75 + 79 + 83 + 87 + 91 + 95$
$= (83 + 87) \times 3 = 510$

(9) $58 + 61 + 64 + 67 + 70 + 73 + 76 + 79 + 82$
$= 70 \times 9 = 630$

(10) $7 + 10 + 13 + 16 + 19 + 22 + 25 + 28$
$= (16 + 19) \times 4 = 140$

第2章 足し算はかけ算の応用

●等差数列を見抜いてかけ算に持ち込む ──

　さて，等差数列の和が簡単に求められることに慣れたところで，次にもうすこし複雑な足し算に挑戦してみましょう。

　先に計算した等差数列の問題は，小さい数から順に並んでいたため，等差数列であることが見つけやすくなっていました。しかし，実際にはこんなにきれいな足し算をする機会はそう多くありません。例えば次のような場合です。

例題3 $7+8+5+5+10=?$

　このときに「これが $5+6+7+8+9$ だったら楽なのになぁ……」と思いませんか？　それを利用して計算視力を働かせます。

$$\begin{aligned}&7+8+5+5+10\\=&5+5+7+8+10\\=&5+(6-1)+7+8+(9+1)\\=&5+\mathbf{6}+7+8+\mathbf{9}\end{aligned}$$

　今は数字で書きましたが，このとき次のようなまんじゅうを頭に思い浮かべると楽しいし，速く計算ができます。この発想は次の節で述べる「まんじゅう数え上げ方式」にも応用できます。ぜひ練習してみてください。

$$7 + 8 + 5 + 5 + 10$$
$$= 5 + 5 + 7 + 8 + 10$$

○
○
○ ○
○ ○ ○
○ ○ ○
○ ○ ○ ○ ○
○ ○ ○ ○ ○
○ ○ ○ ○ ○
○ ○ ○ ○ ○
○ ○ ○ ○ ○

$$= 5 + 6 + 7 + 8 + 9$$

○
○ ○
○ ○ ○
○ ○ ○ ○
○ ○ ○ ○ ○
○ ○ ○ ○ ○
○ ○ ○ ○ ○
○ ○ ○ ○ ○
○ ○ ○ ○ ○

$$= 7 \times 5 \text{（←奇数個の数字の等差数列なので）}$$
$$= 35$$

同じように次の計算をしてみましょう。

第2章 足し算はかけ算の応用

例題4) $4+8+9+5+11+7=?$

この問題の場合，4から9までは6以外全部あって，あとは11が1個だけ独立しています。ですから，11から6を借りてきて4, 5, 6, 7, 8, 9の和を求めて，残った5を後で足します。すなわちこのように計算視力を働かせるのです。

$$\begin{aligned}
&4+8+9+5+11+7\\
=&4+8+9+5+(6+5)+7\\
=&(4+5+6+7+8+9)+5\\
=&(6+7)\times 3+5\\
=&39+5\\
=&44
\end{aligned}$$

もう1問やってみましょう。

例題5) $12+10+17+16+15+19=?$

この場合，「前の2つの数がもう少し大きければ」ということと，「後ろの4つに18が抜けている」ことが頭に浮かべば，あとはその部分を計算視力で補います。すなわち，12を14に，10を18にしてやるとうまくいきます。

$$12 + 10 + 17 + 16 + 15 + 19$$
$$= (14 - 2) + (18 - 8) + 17 + 16 + 15 + 19$$
$$= (\mathbf{14} + 15 + 16 + 17 + \mathbf{18} + 19) - (\mathbf{2 + 8})$$
$$= (16 + 17) \times 3 - 10$$
$$= 33 \times 3 - 10$$
$$= 99 - 10$$
$$= 89$$

✏️ 練習3（等差数列の和への持ち込み）

次の計算をできるだけ速く暗算で行ってください。各問とも制限時間20秒。

(1)　$20 + 13 + 18 + 17 + 16 =$

(2)　$27 + 24 + 29 + 29 + 25 =$

(3)　$41 + 34 + 35 + 45 + 40 =$

(4)　$37 + 35 + 38 + 41 + 36 =$

第 2 章　足し算はかけ算の応用

【解答】
(1)　　$20+13+18+17+16$
　　　$=(20+\mathbf{19}+18+17+16)-\mathbf{6}$
　　　$=18\times 5-6=84$
(2)　　$27+24+29+29+25$
　　　$=(24+25+\mathbf{26}+27+\mathbf{28})+(\mathbf{3+1})$
　　　$=26\times 5+4=134$
(3)　　$41+34+35+45+40$
　　　$=(\mathbf{30}+35+40+45+\mathbf{50})+(\mathbf{4-9})$
　　　$=40\times 5-5=195$
(4)　　$37+35+38+41+36$
　　　$=(35+36+37+38+\mathbf{39})+\mathbf{2}$
　　　$=37\times 5+2=187$

●「まんじゅう数え上げ方式」――――――

さて，次のような数字の並びの計算はどうしますか？

例題6　　$1+7+5+8+1+9+1+2+6=?$

これらの数をよく見ると，1とか2とかがなければ今までの等差数列への持ち込みができることに気がつきます。そこでこの場合は，まず大きい数だけ計算します。

　　$7+5+8+9+6=7\times 5=35$

残りの 1 ＋ 1 ＋ 1 ＋ 2 は，まんじゅうだと思って数えていきます。これを「まんじゅう数え上げ方式」と呼びます。

○　＋　○　＋　○　＋　(○, ○)
「36」　「37」　「38」　「39, 40」

すなわち，この計算の答えは 40 です。このように「計算」と聞くとややこしそうでも，目の前のまんじゅうを数えるのなら楽しくて単純だと思いませんか？

次の例はどうでしょう？

例題7　　$24 + 12 + 36 + 24 + 12 + 24 + 12 + 36 = ?$

これらはすべて 12 の倍数ですので，12 が 1 つのまんじゅうだと思って指さししながら数えていきます。

```
  24  +12+   36   + 24 +12+  24 +12+   36
=○○ + ○ +○○○+○○+ ○ +○○+ ○ +○○○
 「1,2」「3」「4,5,6」「7,8」「9」「10,11」「12」「13,14,15」
= 15 × 12
= 180
```

練習 4（まんじゅう数え上げ方式）

次の計算をできるだけ速く暗算で行ってください。各問とも制限時間 20 秒。

(1)　$12 + 15 + 1 + 14 + 1 + 14 + 3 + 16 =$

(2)　$22 + 2 + 26 + 28 + 2 + 30 + 1 + 26 =$

(3)　$56 + 5 + 28 + 9 + 28 + 14 + 14 =$

(4)　$26 + 68 + 39 + 24 + 65 + 39 =$

(5)　$41 + 23 + 61 + 82 + 59 + 98 =$

【ヒント】
(1)　2 つある 14 のうち 1 つだけ 13 + 1 と考えて 12, 13, …, 16 をかけ算に，残りを数え上げ。
(2)　2 つある 26 のうち 1 つだけ 24 + 2 と考えて 22, 24, …, 30 をかけ算に，残りを数え上げ。
(3)　14 を 1 個のまんじゅうと考えて数え上げ。5 + 9 = 14 も 1 個のまんじゅう。
(4)　13 の倍数が多いので，13 を 1 個のまんじゅうと考えて数え上げ。
(5)　20 の倍数からの和と差ですべてをとらえなおしてまんじゅう数え上げに持ち込む。

第2章　足し算はかけ算の応用

【解答】
(1)　$12+15+1+14+1+14+3+16$
$=(12+\mathbf{13}+14+15+16)+\mathbf{1}+(1+1+3)$
$=76$

(2)　$22+2+26+28+2+30+1+26$
$=(22+\mathbf{24}+26+28+30)+\mathbf{2}+(2+2+1)$
$=137$

(3)　$56+5+28+9+28+14+14$
$=14\times(4+2+2+1+1+\mathbf{1})$
$=154$

(4)　$26+68+39+24+65+39$
$=(26+\mathbf{65}+39+\mathbf{26}+65+39)+(\mathbf{3}-\mathbf{2})$
$=13\times(2+5+3+2+5+3)+1$
$=261$

(5)　$41+23+61+82+59+98$
$=20\times(2+1+3+4+3+5)$
　$+(1+3+1+2-1-2)$
$=364$

第2章　足し算はかけ算の応用

● 足し算は計算視力で「グループ化」────────

　ある程度大きな数の和は，「平均値」や「等差数列」などでかけ算に持ち込み，場合によっては「まんじゅう数え上げ方式」を使うとよいことがわかりました。また，小さな数の和も，「まんじゅう数え上げ方式」を使えば簡単に計算できることがわかりました。

　では，少し大きな10前後ぐらいの数を10個以上足すときは，どうすればよいでしょう？　このときには「グループ化」が役に立ちます。次の例をごらんください。

　　7 ＋ 6 ＋ 5 ＋ 6 ＋ 6 ＋ 8 ＋ 13 ＋ 12 ＋ 5 ＋ 13 ＋
　　15 ＋ 12 ＋ 11 ＋ 9 ＋ 14 ＋ 5 ＝？

このようなときに「グループ化」を用います。「グループ化」とは，足し算のしやすいものどうしをグループに分けてやることです。例えば，1の位が0になるものどうしを計算視力で探します。

　　7 ＋ 6 ＋ 5 ＋(6 ＋ 6 ＋ 8)＋(13 ＋ 12 ＋ 5)＋
　　(13 ＋ 15 ＋ 12)＋(11 ＋ 9)＋ 14 ＋ 5

さらに最初の方とか最後の方に残っている部分を，結び付けてやります。

　　＝ **(6 ＋ 14)＋(5 ＋ 5)**＋(6 ＋ 6 ＋ 8)＋
　　　(13 ＋ 12 ＋ 5)＋(13 ＋ 15 ＋ 12)＋
　　　(11 ＋ 9)＋ 7

あとはまんじゅう数え上げ方式で数えます。

○○,　　○,　　○○,
　(6 + 14) (5 + 5) (6 + 6 + 8)
　　○○○,　　○○○○,　　○○　+7
　(13 + 12 + 5) (13 + 15 + 12) (11 + 9)

　= 147

　いかがでしょう？　筆算だとグループどうしで円で囲んだり線でつないだりすればよいのですが，計算視力を使った暗算だと少し難しいかも知れませんね。ですが，これも慣れてくれば計算のやり方が見えるようになってきます。電車の中の吊り広告に書いてある電話番号の数字を全部足してみるなど，普段から練習するようにするのも手です。

　それから，1の位が0になるようにグループ化できない場合には，1の位が1とか2といった小さな数になるようにグループ化すると，あとでその端数をまんじゅう数え上げ方式で補うことができます。次の例を見てください。

　　3 + 9 + 3 + 8 + 3 + 6 + 3 + 6 + 8
= (3 + 9) + (3 + 8) + (6 + 6 + 8) + 3 + 3
= 12 + 11 + 20 + 6
= 49

　もちろん例にあげたグループ化はほんの一例です。自分が足しやすいように，うまく組み合わせていってみてください。ともかくグループで数をとらえることが大切なのです。どのような数でまとめるか，瞬時に判断できるかどう

かは計算視力にかかっています。

【コツ9】

中途半端な大きさの数の足し算は，グループ化でまんじゅう数え上げ方式に持ち込む。

✏️ 練習5（グループ化）

以下の計算を暗算できるよう練習してください。各問とも制限時間30秒。

(1) $6 + 6 + 8 + 2 + 9 + 2 + 5 + 5 + 4 + 5 + 2 + 4 + 6 + 12 =$

(2) $6 + 5 + 2 + 14 + 6 + 6 + 5 + 2 + 8 + 14 + 2 + 4 + 5 + 12 + 8 + 9 + 5 + 7 =$

【解答】（グループ化の方法はほんの一例です）

(1)　$6+6+8+2+9+2+5+5+4+5+$
　　　$2+4+6+12$
$=(6+6+8)+2+9+2+(5+5)+$
　　$4+5+2+(4+6)+12$
$=(6+6+8)+2+2+(5+5)+$
　　$(9+4+5+2)+(4+6)+12$
$=20+10+20+10+2+2+12=76$

(2)　$6+5+2+14+6+6+5+2+8+$
　　　$14+2+4+5+12+8+9+5+7$
$=(6+5+2)+(14+6)+(6+5)+(2+8)$
　　$+(14+2+4)+5+(12+8)+9+5+7$
$=13+20+11+10+20+20+9+$
　　$(5+5)+7$
$=120$

第2章 足し算はかけ算の応用

● 「グループ化」と「まんじゅう数え上げ方式」を
　使い分ける ──────────────────────

「グループ化」という手法は，ある程度，足し算する値が散らばっているときに有効です。というのは，8があって，別のところに2があったとき，それら2つをグループ化して10にすることで足し算が楽になるからです。

しかし，1の位が7とか8とか9ばかり，というようなときもよくあります。例えば，

　9 + 18 + 17 + 19 + 29 + 48 + 38 + 29 + 19 =?

こうなってくると，どうグループ化しようとしてもうまくいきません。そこで再び登場するのが，「まんじゅう数え上げ方式」です。すなわち，この手の足し算では「グループ化」と「まんじゅう数え上げ方式」をうまく使い分けることが重要なのです。

この計算の場合，まず10を1個のまんじゅうとして，すべての数を大まかに数えます。

```
  9 + 18 + 17 + 19 + 29 + 48 + 38 + 29 + 19
  ○ + ○ + ○ + ○ + ○ + ○ + ○ + ○ + ○
      ○   ○   ○   ○   ○   ○   ○   ○
                      ○   ○   ○   ○
                          ○   ○
                          ○
```

この場合は合計24個のまんじゅうがあります。そこから足しすぎた分を引いてやるのです。すなわち，

$$9 + 18 + 17 + 19 + 29 + 48 + 38 + 29 + 19$$
$$= 240 - (1 + 2 + 3 + 1 + 1 + 2 + 2 + 1 + 1)$$
　…（かっこの中もまんじゅう数え上げ方式で計算）
$$= 240 - 14$$
$$= 226$$

この考え方は後の章でも説明する「概数」にも通じる方式ですので，ぜひ慣れていただきたいと思います。

【コツ10】

1の位が7, 8, 9であるような数ばかりを足すときは，まんじゅう数え上げ方式で引き算に持ち込む。

第 2 章　足し算はかけ算の応用

📝 練習 6（まんじゅう数え上げ方式で引き算に持ち込む）

以下の計算を暗算できるよう練習してください。各問とも制限時間 20 秒。

(1)　$18 + 38 + 29 + 39 + 57 + 37 + 29 + 9 + 27 = ?$

(2)　$128 + 278 + 138 + 158 + 248 + 328 = ?$

【解答】
(1) $\quad 18 + 38 + 29 + 39 + 57 + 37 + 29 + 9 + 27$
$= (20 + 40 + 30 + 40 + 60 + 40 + 30 + 10 + 30)$
$\quad - (2 + 2 + 1 + 1 + 3 + 3 + 1 + 1 + 3)$
$= 300 - 17$
$= 283$

(2) $\quad 128 + 278 + 138 + 158 + 248 + 328$
$= (130 + 280 + 140 + 160 + 250 + 330)$
$\quad - (2 + 2 + 2 + 2 + 2 + 2)$
$= 1290 - 12$
$= 1278$

第2章　足し算はかけ算の応用

●分数の足し算もグループ化

次の例をご覧ください。

$$\frac{1}{6}+\frac{1}{7}+\frac{1}{3}+\frac{1}{8}=$$

こういう分数の足し算は「とりあえず通分をしなさい」と学校では習います。では通分をすると分母はいくつになるでしょう？　最初から素直に計算していくと，6と7と3と8の最小公倍数，すなわち168となるのですが，

$$\frac{1}{6}+\frac{1}{7}+\frac{1}{3}+\frac{1}{8}$$
$$=\frac{28}{168}+\frac{24}{168}+\frac{56}{168}+\frac{21}{168}$$
$$=\frac{(28+24+56+21)}{168}$$
$$=\frac{129}{168}$$
$$=\frac{43}{56}$$

とやると，暗算するのは結構面倒です。特に6や7や8の1桁の分母が，通分すると168という3桁の数になってしまっては，かなり大変な作業です。

でも学校ではこういうふうに計算することを習います。筆算をするにしても，計算量が多く，計算間違いをする可能性が高まります。

実は分数にも，足し算の相性のよいものと悪いものがあ

ります。この例題の場合だと、$\frac{1}{6}$ と $\frac{1}{3}$ は相性がよく、先に足してしまうと $\frac{1}{2}$ となって計算がかなり楽になります。さらにその $\frac{1}{2}$ は、そのまま $\frac{1}{7}$ と足すより、後ろの $\frac{1}{8}$ と足したほうが、ずっと計算が簡単です。すなわち

$$\frac{1}{6}+\frac{1}{7}+\frac{1}{3}+\frac{1}{8}$$
$$=\left\{\left(\frac{1}{6}+\frac{1}{3}\right)+\frac{1}{8}\right\}+\frac{1}{7}$$
$$=\left(\frac{1}{2}+\frac{1}{8}\right)+\frac{1}{7}$$
$$=\frac{5}{8}+\frac{1}{7}$$
$$=\frac{(35+8)}{56}$$
$$=\frac{43}{56}$$

となります。

　要は、分母をざっと見渡して、通分したときに大きな分母にならないようなものだけを先に足すのです。場合によってはそれが通分できて、より簡単な分数になる場合があるので、それを使わない手はありません（上の例題の場合は $\frac{1}{6}+\frac{1}{3}=\frac{1}{2}$）。

第 2 章　足し算はかけ算の応用

―【コツ 11】―――――――――――――――――――――――
分数の足し算は，分母をみてグループ化に持ち込む。

✏️ 練習 7（分数の足し算）

以下の計算を暗算できるよう練習してください。各問とも制限時間 20 秒。

(1) $\dfrac{4}{3} + \dfrac{1}{5} + \dfrac{5}{12} + \dfrac{3}{20} = ?$

(2) $\dfrac{2}{21} + \dfrac{4}{3} + \dfrac{3}{14} + \dfrac{1}{6} = ?$

【解答】
(1) $\dfrac{4}{3}+\dfrac{1}{5}+\dfrac{5}{12}+\dfrac{3}{20}$

$= \left\{\left(\dfrac{4}{3}+\dfrac{5}{12}\right)+\dfrac{3}{20}\right\}+\dfrac{1}{5}$

$= \left\{\left(\dfrac{16}{12}+\dfrac{5}{12}\right)+\dfrac{3}{20}\right\}+\dfrac{1}{5}$

$= \left(\dfrac{7}{4}+\dfrac{3}{20}\right)+\dfrac{1}{5}$

$= \left(\dfrac{35}{20}+\dfrac{3}{20}\right)+\dfrac{1}{5}$

$= \dfrac{19}{10}+\dfrac{2}{10}$

$= \dfrac{21}{10}$

第 2 章　足し算はかけ算の応用

(2) $\dfrac{2}{21}+\dfrac{4}{3}+\dfrac{3}{14}+\dfrac{1}{6}$

$=\left\{\left(\dfrac{4}{3}+\dfrac{1}{6}\right)+\dfrac{3}{14}\right\}+\dfrac{2}{21}$

$=\left\{\left(\dfrac{8}{6}+\dfrac{1}{6}\right)+\dfrac{3}{14}\right\}+\dfrac{2}{21}$

$=\left(\dfrac{3}{2}+\dfrac{3}{14}\right)+\dfrac{2}{21}$

$=\left(\dfrac{21}{14}+\dfrac{3}{14}\right)+\dfrac{2}{21}$

$=\dfrac{12}{7}+\dfrac{2}{21}$

$=\dfrac{36}{21}+\dfrac{2}{21}$

$=\dfrac{38}{21}$

●引き算の基本は「おつりの勘定」

 足し算・引き算をいちばんよく使う場面は，おそらく買い物のときでしょう。特にスーパーマーケットなどで複数の商品をレジに持っていって，高額紙幣を出しておつりをもらうような状況の場合，売り手，買い手の双方にちょっとした緊張が走ります。計算間違いや数え間違いが，そのまま損得に直結するからです。

 ここからは引き算について詳しく見ていきます。まず，すべての引き算の基本でもある「おつりの勘定」の際の計算に焦点をあてて考えてみましょう。

 例えば，2845円の商品を購入して1万円札を出す場合，みなさんはどのように計算しますか？

 小学校で習う筆算をそのまま使う場合，この10000 − 2845という計算は「繰り下がり」が各位で必要となり，結構面倒です。そこで以下のように計算視力を働かせます。

$$10000 = 9999 + 1$$

つまり，10000 − 2845は以下のようになります。

$$\begin{aligned}10000 - 2845 &= (9999 + 1) - 2845 \\ &= (9999 - 2845) + 1 \\ &= 7154 + 1 \\ &= 7155\end{aligned}$$

第 2 章　足し算はかけ算の応用

すなわち 10000 = 9999 ＋ 1 と置き換えることで，どんな数が来ても繰り下がりが必要のない計算に持ち込めるのです。

もちろんこの引き算を速く計算するためには，以下の 4 つの組を完全に覚え込まないといけません。

$1 + 8 = 9,\ 2 + 7 = 9,\ 3 + 6 = 9,\ 4 + 5 = 9$

では練習してみましょう。

📝 練習 8（おつりの勘定の計算視力）

次の計算をできるだけ速く暗算で行ってください。各問とも制限時間 3 秒。

(1)　10000 − 5234 =

(2)　10000 − 7293 =

(3)　100000 − 42938 =

(4)　10000 − 398 =

(5)　100000 − 64928 =

【解答】
(1)　　$10000 - 5234 = (9999 - 5234) + 1 = 4766$
(2)　　$10000 - 7293 = (9999 - 7293) + 1 = 2707$
(3)　　$100000 - 42938 = (99999 - 42938) + 1$
　　　　　　　　　　$= 57062$
(4)　　$10000 - 398 = (9999 - 398) + 1 = 9602$
(5)　　$100000 - 64928 = (99999 - 64928) + 1$
　　　　　　　　　　$= 35072$

●どんな引き算でもへっちゃら「両替方式」————

　さて,次はもう少しややこしい引き算です。例えばスーパーマーケットで7997円支払いたいとき,財布の中を見てみると1万円札1枚,5000円札1枚,小銭が361円,合計1万5361円あります。どう支払いますか？
　もちろんあなたは1万円札1枚を支払って,おつりをもらうことでしょう。おつりの計算は前節で練習したばかりです。2003円のおつりを札入れと小銭入れに入れて,残金は$2003 + 5361 = 7364$円です。
　自然とこうするクセが身についているので,とりあえず1万円札が財布の中に入っていたら安心です。
　なのに「15361 - 7997を計算しなさい」というと,た

いていの人は筆算を始めます。本来ならその存在が安心を与えるはずの万の位の「1」が，むしろ不安を掻き立ててしまうのです。

15361 − 7997 を筆算するときの計算動作をよく考えてみると，1 の位から順番に大きい位の方に計算を移していくことに気づきます。これは，裏を返せば「足りるはずのない小銭」から引き算をし，足りなくなったら 1 万円札をくずすようなもので，計算が二度手間となります。できる限りこれは避けるべきです。

すなわち，筆算で繰り下がりが多そうな引き算はとりあえずその 1 桁多い札から支払って，おつりを足すようにすればいいのです。これを筆者は「両替方式」と呼んでいます。

ちなみに「両替方式」というネーミングはバスに乗ったときの「両替」から名づけたものです。小銭が足らなかったら紙幣や少し大きな硬貨を両替すると思いますが，それがちょうどこの引き算の方式と同じなのです。

次の例を見てください。

例題 8   5234 − 686 ＝ ?

この場合は 686 円を支払うために，5234 円の中から 1000 円札を 1 枚くずし，残り（4234 円）を足せばいいのです。

$$1000 − 686 = 314$$

この 314 円を残りの 4234 円に加えて，

$$4234 + 314 = 4548$$

となります。少し複雑ですが,「両替方式」も練習をすれば慣れてきます。

ところで「両替方式」に限りませんが,少し複雑な引き算や足し算を暗算で行う場合,計算の途中経過をできるだけ口に出すようにすると,計算がスムーズに進みます。

この問題の場合,

「1000円から686円を支払うと314円のおつり。それと残りの4234円を合わせて,4548円……」

と声に出すことで,ややこしい引き算も解けるようになるものです(声に出して計算する場合,まわりの人の迷惑にならないように注意してください)。

【コツ12】

計算の途中経過はできるだけ声に出す。

第 2 章　足し算はかけ算の応用

✎ 練習 9（両替方式の計算視力）

以下の計算をできる限り速く暗算でしてください。初めの 3 問は制限時間 5 秒，残りは 10 秒。

(1)　154 − 68 =

(2)　268 − 192 =

(3)　382 − 169 =

(4)　1523 − 546 =

(5)　2427 − 1698 =

(6)　3691 − 1899 =

(7)　16238 − 7361 =

【解答】

(1) $154 - 68 = 54 + 32 = 86$

(2) $268 - 192 = 68 + 8 = 76$

(3) $382 - 169 = 182 + 31 = 213$

(4) $1523 - 546 = 523 + 454 = 977$

(5) $2427 - 1698 = 427 + 302 = 729$

(6) $3691 - 1899 = 1691 + 101 = 1792$

(7) 先に上4桁の $1623 - 736$ を計算し，1の位を計算してつけ足す。

$$1623 - 736 = 623 + 264 = 887 \text{（上4桁）}$$
$$8 - 1 = 7 \text{（1の位）}$$
$$8870 + 7 = 8877$$

第3章
概算は判断力と決断力

●実はよく使う概算

　今までいろいろと練習してきたかけ算・足し算ですが,では果たしてそれらを最もよく使うのはどういうときでしょうか？

　例えば実生活で 198 × 21 を計算することがあるとすればどういうときでしょう？　会社でお花見をしたときに,21 人の社員が集まったとして,1 人につき 1980 円の少し豪華なお弁当を食べたとします。幹事を任されたので,とりあえず自分がみんなの分を支払わないといけないかもしれません。そんなときは 1980 × 21 の計算をすることになるでしょう。

　またあるときは,家と会社の間を車で往復するとします。交通費は 1 ヵ月の総移動距離に比例して支払われます。家から会社までの距離は,地図ソフトによると往復 1980 m,この間を 1 ヵ月で 21 回往復したとき,総移動距離の計算のために 1980 × 21 の計算をすることになるでしょう。

　でもよく考えてください。本当にそのときに 1980 × 21 という計算を正確に計算しているか,というと実はもう少し大雑把な計算をすることのほうが多いのではないでしょうか？

　例えば 1980 円のお弁当を 21 人で食べたときに,たいていそのうちの 1 人はこう言うでしょう。「20 円のおつりはいいよ」。そうなると実際には 1980 円だったものが 2000 円になり,計算がずっと楽になったりします。

　あるいは「1980 m の距離」なんていっても,途中コンビニエンスストアに寄ることもあれば道路工事で迂回する

こともあるでしょう。わずか20 mのために面倒くさい計算をするよりは，往復2000 mと計算したほうが断然楽です。

こういった，大雑把な計算を「概算」と呼びます。学校の算数・数学でも出てこないわけではないのですが，正直あまり学校教育の現場で取り上げられることが少ないのも事実です。でも，実生活ではこのちょっとした概算の技術が，大きな計算力の差になったりするのです。

そこでここでは，概算の上手な使いこなしについて考えてみましょう。

●**概算のコツは「状況判断力」と「数字を切る決断力」──**

次のような状況を考えてみてください。

例題1　今夜は久々に鍋をしようと思い，仕事の帰りにスーパーマーケットで買い物をしました。今レジの列に並んでいます。長い列が後ろに続いていて，次が自分の番です。あまりお金の支払いに時間をかけたくないので，とりあえず現金（1000円札と100円玉）を用意しておこうと思います。以下の品物がカゴに入っています。現金をだいたいいくら用意すればよいでしょう？

```
白菜         ¥128
ニンジン      ¥98
しいたけ      ¥198
豆腐2丁      ¥118×2
豚肉         ¥298
鍋用スープ    ¥298
うどん4袋    ¥58×4
パックご飯    ¥298
```

正直,カゴの中の品物を見ながらこれらをすべて正確に暗算するのは至難のわざです。が,これを概算するのはちょっとしたコツでどうにかなります。すなわち足し算のところで使った「まんじゅう数え上げ方式」をここに応用するのです。各商品の値札を見ながら,すべてをまんじゅうに換算していきます。この場合は100円をまんじゅう1個とします。

まんじゅうカウント

```
白菜         ¥128       ○
ニンジン      ¥98        ○
しいたけ      ¥198       ○○
豆腐2丁      ¥118×2     ○○
豚肉         ¥298       ○○○
鍋用スープ    ¥298       ○○○
うどん4袋    ¥58×4      ○○
パックご飯    ¥298       ○○○
```

余分の1個   ○

第3章　概算は判断力と決断力

　このまんじゅうの数を全部数えます。すなわち，

　　17個のまんじゅう＋「余分の1個」

で，だいたい1800円用意しておけばいいか，ということになります（暗算が苦手でも，数を数えるのはそんなに難しい作業ではないでしょう）。実際の合計金額は1786円ですから，まあそこそこ当たっていると言えます。

　ところでみなさんは，「余分の1個って何？」と思ったことでしょう。まんじゅうに換算するときに少し値段を低く見積もった商品がありました。白菜128円をまんじゅう1個，豆腐2丁118円×2をまんじゅう2個，うどん4袋58円×4をまんじゅう2個，の部分です。逆に2円ずつ高く見積もっている商品もあり，これらの過不足を考えて，まんじゅう1個ぐらい余分にカウントしておこうか，という発想になるわけです。これが「余分の1個」の秘密です。

　余分の1個は，もちろん状況によっては余分の2個，とか3個，になるかもしれませんが，その辺もある程度直感で結構です。ともかく「概算」なのですから，少しぐらい違っていても問題ありません。

　この計算を見て「ふんふん，そうだな。自分もたいていそうやっているな」とうなずいている読者と，「そんなこと，考えたこともない」とびっくりしている読者がいると思います（あなたはどちらのタイプですか？）。実はこの差は結構大きいのです。というのも，概算をするために必要なのは，「状況判断力」と「決断力」だからです。これは算数の計算力・数学の実力を超えて，生活能力，仕事の能力などと直結します。

「状況判断力」というのは，今自分がどういう状況にいるのか？　合計金額をどれぐらいの精度で計算しないといけないのか？　というようなことを総合的に判断する力です。この場合だと「とりあえず（20秒ぐらいで）いくらぐらいの値段になりそうなのかを早急に把握しないといけない」と認識する力です。

スーパーのレジに並んで観察してみたらわかると思いますが，こういうことを考えている人とそうでない人はすぐにわかります。あまりこういうことを考えていない人は，レジ係の人が「〇〇円です」と言ってから財布の中から札を用意します。一方で，「〇〇円です」と言われる前に札をすでに用意していて，値段を聞いてから小銭を出す人は「状況判断力」に長けている人だと言えます。

もうひとつの「決断力」は，どう計算するかという方法を決定する能力です。例えば「まんじゅう1個を100円としよう」とか「少し値段の切り下げが多かったから，余分にまんじゅう1個を加えよう」というような決断力です。概算の仕方はやり方が決まっているわけではないので，その場その場でざっくりと計算するルールを自分で決めないといけません。時間をかけずに，それでいてそこそこ正確な答えが導かれるようなルールを決定します。これが結構難しいのです。

この章では少しページを割いて概算の練習をしましょう。

第3章 概算は判断力と決断力

● 「まんじゅう数え上げ方式」を使った概算 ──────

　先ほども例をあげましたが，例えばスーパーマーケットのレジ前でやった足し算の概算は，ともかく数字だけを見てまんじゅうに置き換える練習が必要です。そこで数字を見てまんじゅうに変換する練習をしましょう。あとはそれらの架空のまんじゅうを，指さししながら数えていくだけです。

　まず大切なことは，まんじゅう1個をいくらにするか，決定することです。それは足し算する数をざっと眺めて決めます。わからないときは10とか100とか，区切りのいい値がいいと思いますが，中には20とか12，24などがいい場合もあります。

例題2)　　$23 + 47 + 98 + 61 + 36 + 33 = ?$

　この場合，すべての数が12の倍数に近いことに気づきませんか？　したがって，12を1個のまんじゅうとして数えます。

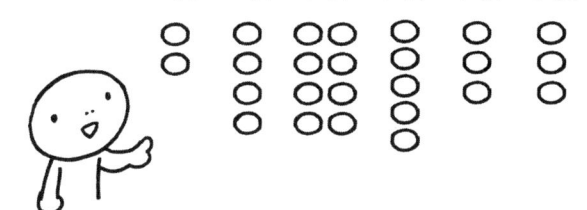

　　　　　　$23 + 47 + 98 + 61 + 36 + 33$
　12が　2個＋4個＋8個＋5個＋3個＋3個

で，このまんじゅうを数えてください。途中，8や5など数えるのがちょっと億劫な場合もあります。そのときは足し算をしても構いません。

○○	「いち，に，
○○○○	さん，し，ご，ろく，
○○○○○○○○	$6 + 8 = 14$
○○○○○	$14 + 5 = 19$
○○○	20，21，22，
○○○	23，24，25」

概算すると，

$$12 \times 25 = 3 \times (4 \times 25) = 300$$

ぐらい？となります（本当の答えは298）。

練習1（足し算の概算）

次の足し算を概算でできるだけ速く計算してみてください。制限時間は20秒。

$128 + 53 + 26 + 98 + 71 + 145 = ?$

練習2（買い物に行ったとき）

スーパーで次の買い物をしました。

```
トクノウギュウニュウ      208円
ギュウニュウ            168円
コーヒー200G＋200      448円
ミートソース 285g       108円
ミートソース 285g       108円
ネギマグロマキ6カン      320円
ゴモクイナリ            300円
ウスカワカップアンパン    110円
レノドアメフクロ         168円
```

合計金額はおよそいくら？　制限時間は20秒。

【練習1　解答】

まんじゅう1個を25とすると，128はまんじゅう5個分，53は2個分，……。したがって，

$$5 + 2 + 1 + 4 + 3 + 6 = 21$$

なので，概算すると

$$25 \times 21 = 525$$

したがって，およそ525（正確には521）。

【練習2　解答】

まんじゅう1個を100円とすると

○○
○○
○○○○
○
○
○○○
○○○
○
○○

まんじゅうを数え上げて，余分の1個を足すと

$$19 \times 100 + 100 = 2000$$

したがって，およそ2000円（正確には1938円）。

第3章　概算は判断力と決断力

● かけ算の概算は「有効数字」を活用する ──────

例題3)　347gのものが524個あるときおよそ何kg？

　いちばん簡単な概算は，かけ算や割り算の概算です。というのは，あまり頭を使わずに四捨五入をするだけで，概算が可能だからです。

　その際使う概念は，「有効数字」と呼ばれるものです。きっと聞いたことがある読者の方も多いでしょうが，一言で言うと「最終的な答えは何桁ぐらいあればいいの？」ということです（有効数字というと難しそうなので，「有効桁数」などと言い換えると，わかりやすいかもしれません）。

　例えば料理をしているときに，「水980ミリリットルに塩を4.98グラム加えて……」とは言いません。料理をしているときの計量カップなんてそんなに精密なものではないし，塩だって銘柄などによって微妙に分量と塩分の割合が一致しないからです。たいていは「水1リットルに塩小さじ1杯（5グラム）」などと言います。すなわち，この場合は「有効数字1桁」で十分ということになります。

　先ほどの例題の場合，347×524 という計算を電卓で行うと，答えは181828という6桁の数になります。しかし，この手の問題で1gの単位まで必要なことはあまりなく，上から2桁ぐらいでいいわけです。このときに，347×524 を計算してから四捨五入をするのではなく，かけ算をする2数を先に四捨五入して，350×520 を計算すれば，

182000 g,すなわち約 180 kg という答えが出てきます。

$$
\begin{aligned}
347 \times 524 &\fallingdotseq 350 \times 520 \\
&= 350 \times 2 \times 260 \\
&= 700 \times 260 \\
&= 182000
\end{aligned}
$$

ただし以下のコツを頭に入れて計算をしないと,場合によっては実際とかけ離れた答えが出る場合もあります。

概算をするときのコツをあげておきましょう。

【コツ 13】
すべての数を有効数字と同じ桁数にそろえる。

【コツ 14】
切り上げ・切り下げをできるだけ記憶にとどめながら計算する。

【コツ 13】は,ほとんどの高校生向けの教科書や参考書などに書いてあります。例えば有効数字が 2 桁なら,すべての数を 2 桁にそろえる,ということです。先ほどの例で言うと,

$$
\begin{aligned}
347 \times 524 &\fallingdotseq 300 \times 524 \\
&= 157200
\end{aligned}
$$

というように,かけ算の左側の数 347 を有効数字 1 桁に,

右側の数 524 は有効数字 3 桁にと，桁数をそろえずに計算すると，有効数字が小さいほう（この場合は左側の有効数字 1 桁）しか意味がない数字になってしまいます。すなわち有効数字 1 桁で四捨五入すると答えは 200000 g，「およそ 200 kg」となってしまいます。それだったらややこしい計算はせずに，はじめから有効数字をそろえて

$$347 \times 524 \fallingdotseq 300 \times 500$$
$$= 150000$$

を計算してから四捨五入すれば「およそ 200 kg」となり，こちらのほうが計算が楽にできます。

【コツ 14】は，できる限り現実に近い値にするためにも，もしも切り下げばかり，あるいは切り上げばかりが続いたときには，現実の答えと食い違っていることを覚悟せよ，場合によっては補正をせよ，ということです。

先ほどの例で言うと，347×524 の計算を有効数字 1 桁で行うと，かけ算をする 2 数とも切り下げをすることになってしまいます。すなわち，かけ算をしていったん出てきた 150000 という答えは，現実の 181828 という答えからかなり小さめの値が出てきます。もちろん最終的に有効数字 1 桁にするわけですから，おおよその答えとしては間違ってはいませんが，概算をするときにはあまり正確な数字ではない，ということがわかります。

ところが有効数字 2 桁で計算すると，350×520 となり，

かけ算の左側は切り上げ，右は切り下げとなって，概算の割にはそこそこの答え（182000）が出てきます。これなら現実の値から大きく食い違うことがあまりありません。

ちなみに時間がなくて有効数字1桁で計算したい場合は，答える際に

「150 kg から 200 kg くらい」

と表現することも可能です。すなわち，計算で出てきた値は150000だけれど，それよりは大きい，というニュアンスです。これなら決して間違った表現ではありません。

日常的な計算の場合，有効数字が決まっているわけではないので，計算方法はできるだけ楽に，しかしあまり現実の値から離れていない答えが出てくるように，ここでも計算視力を働かせることが大切です。

第3章　概算は判断力と決断力

📝 練習3（かけ算の概算）

次のかけ算を概算してみてください（もちろん計算は暗算で）。各問とも制限時間15秒。

(1)　6539 × 397 ≒

(2)　278 × 254 ≒

(3)　9783 × 824 ≒

【解答】

(1) $\quad 6500 \times 400 = 130 \times 2 \times 10000$
$\qquad\qquad\qquad = 2600000$

(2) $\quad 280 \times 250 = 70 \times 4 \times 250$
$\qquad\qquad\qquad = 70 \times (4 \times 250)$
$\qquad\qquad\qquad = 70000$

(3) $\quad 9800 \times 820 = (90 + 8) \times (90 - 8) \times 1000$
$\qquad\qquad\qquad = (8100 - 64) \times 1000$
$\qquad\qquad\qquad = 8036000$
$\qquad\qquad\qquad \fallingdotseq 8000000$

●平方根は語呂合わせで暗記

平方根も身近なところでよく使いますが,計算が難しいことは中学以来みなさんも感じていると思います。そこで,代表的な平方根の概数値だけでも暗記しておくと,平方根をすぐにその値で置き換えられ,計算がしやすくなります。

中学のときに覚えたかもしれませんが,ここで復習してみましょう。声に出して言ってみてください。

$\sqrt{2} \fallingdotseq 1.41421356$ （一夜一夜に人見ごろ）
$\sqrt{3} \fallingdotseq 1.7320508$ （人並みにおごれや）
$\sqrt{4} = 2$

$\sqrt{5} ≒ 2.2360679$　　（富士山麓オウム鳴く）
$\sqrt{6} ≒ 2.44949$　　　（似よ良く良く）
$\sqrt{7} ≒ 2.64575$　　　（菜に虫いない）
$\sqrt{8} ≒ 2.8284271$　　（ニヤニヤ呼ぶない）
$\sqrt{9} = 3$
$\sqrt{10} ≒ 3.1622$　　　（人丸は三色に並ぶ）

　もちろん実際の計算では，これらの値のうち，上位3桁から4桁ぐらいでもじゅうぶん概算が可能です。以下の例を見てみましょう。

例題4　　$\sqrt{24} = ?$

$$\begin{aligned}
\sqrt{24} &= \sqrt{4 \times 6} \\
&= 2 \times \sqrt{6} \\
&≒ 2 \times 2.44949 \\
&≒ 2 \times 2.45 \\
&= 4.9
\end{aligned}$$

練習 4（平方根概算）

以下の値を概算で小数第 1 位まで求めてください。各問とも制限時間 10 秒。

(1) $\sqrt{32} =$

(2) $\sqrt{125} =$

(3) $\sqrt{28} =$

第 3 章　概算は判断力と決断力

【解答】
(1) $\sqrt{32} = 4 \times \sqrt{2}$
$\fallingdotseq 4 \times 1.41421356$
$\fallingdotseq 5.656$
$\fallingdotseq 5.7$

(2) $\sqrt{125} = 5 \times \sqrt{5}$
$\fallingdotseq 5 \times 2.2360679$
$\fallingdotseq 11.15$
$\fallingdotseq 11.2$

(3) $\sqrt{28} = 2 \times \sqrt{7}$
$\fallingdotseq 2 \times 2.64171$
$\fallingdotseq 5.28$
$\fallingdotseq 5.3$

補習4　累乗の概算

累乗の概算は，実は物理学や工学の世界では非常に重要なので，理系分野ではよく知られている方法です。この手法は，日常生活でも大いに役に立ちますので，ここで紹介しておきます。

例題5 複利 0.1％の銀行口座に 100 万円を預けたとします。10 年後にはいくらぐらいになっているでしょう。

毎年 0.1％の利子がつくわけですから，言い換えると金額が毎年 1.001 倍になるということです。
ですから，
　1年後：100 万円× 1.001
　2年後：(100 万円× 1.001)× 1.001
　　　　＝ 100 万円× 1.001^2
　3年後：(100 万円× 1.001^2)× 1.001
　　　　＝ 100 万円× 1.001^3
　…
　10年後：100 万円× 1.001^{10}

となります。すなわち，100 万円× 1.001^{10} の概算を求める必要があります。
そこで，登場するのが以下の概算公式です。
x が 1 よりずっと小さいとき（x は負の数でも構いません。また，n は整数でなくても構いません），

$$(1+x)^n \fallingdotseq 1 + nx$$

これを使うと、10年後はこのようになります。

$$\begin{aligned}
&100\,\text{万円} \times 1.001^{10} \\
&= 100\,\text{万円} \times (1 + 0.001)^{10} \\
&\fallingdotseq 100\,\text{万円} \times (1 + 0.001 \times 10) \\
&= 100\,\text{万円} \times 1.01 \\
&= 101\,\text{万円}
\end{aligned}$$

およそ101万円になっていることがわかります。

もう1問、次の概算を求めましょう。

例題6　$2.004^5 = ?$

この場合も同じ概算公式を使いたいのですが、$2.004 = (2 + 0.004)$ なので、概算公式の $(1+x)$ と形が少し違います。そこでこの場合は、このように計算視力を働かせる必要があります。

$$\begin{aligned}
2.004^5 &= (2 \times 1.002)^5 \\
&= 2^5 \times 1.002^5 \\
&\fallingdotseq 32 \times (1 + 0.002 \times 5) \\
&= 32 \times 1.01 \\
&= 32.32
\end{aligned}$$

第3章　概算は判断力と決断力

✏️ 練習5（累乗の概算）

次の累乗の答えを概算してみてください（できるかぎり暗算でやってみましょう）。各問とも制限時間20秒。

(1)　$2.02^4 \fallingdotseq$

(2)　$3.006^3 \fallingdotseq$

(3)　$0.98^{10} \fallingdotseq$

【解答】

(1) $2.02^4 = 2^4 \times 1.01^4$
$\fallingdotseq 16 \times 1.04 = 16.64$

(2) $3.006^3 = 3^3 \times 1.002^3$
$\fallingdotseq 27 \times 1.006 = 27.162$

(3) $0.98^{10} = (1 - 0.02)^{10}$
$\fallingdotseq 1 - 0.2 = 0.8$

補習 5　分数の概算，平方根の概算

さて，前で練習した累乗の概算公式を応用することで，平方根や分数計算の概算が簡単にできる場合があります。

というのは，$\sqrt{x} = x^{\frac{1}{2}}$，$\dfrac{1}{x} = x^{-1}$ となり，平方根も分数もすべて累乗の形をしているからです。これに気がつけば非常に便利です。次の例題を見てください。

例題 7　$\sqrt{2.02} = ?$

$\sqrt{2.02} = \sqrt{2 \times (1 + 0.01)}$
$\phantom{\sqrt{2.02}} = \sqrt{2} \times (1 + 0.01)^{\frac{1}{2}}$

第3章 概算は判断力と決断力

$$\fallingdotseq 1.41421356 \times (1 + 0.005)$$

$$\fallingdotseq 1.414 + 1.414 \times \frac{1}{200}$$

$$\fallingdotseq 1.414 + 0.007$$

$$= 1.421$$

例題8 $\dfrac{1}{2.02} = ?$

$$\frac{1}{2.02} = \frac{1}{2 \times (1 + 0.01)}$$

$$= \frac{1}{2} \times (1 + 0.01)^{-1}$$

$$\fallingdotseq 0.5 \times (1 - 0.01)$$

$$= 0.5 - 0.005$$

$$= 0.495$$

📝 練習6（平方根，分数の概算）

次の平方根，分数の値を概算してください（筆算可）。各問とも制限時間30秒。

(1) $\sqrt{3.006} \fallingdotseq$

(2) $\sqrt{1.98} \fallingdotseq$

(3) $\dfrac{1}{3.006} \fallingdotseq$

(4) $\dfrac{1}{1.98} \fallingdotseq$

【解答】

(1) $\sqrt{3.006} = \sqrt{3} \times (1 + 0.002)^{\frac{1}{2}}$
$\quad\quad\quad\; \fallingdotseq 1.732 \times (1 + 0.001)$
$\quad\quad\quad\; = 1.732 + 0.001732 \fallingdotseq 1.734$

(2) $\sqrt{1.98} = \sqrt{2} \times (1 - 0.01)^{\frac{1}{2}}$
$\quad\quad\quad\; \fallingdotseq 1.4142 \times (1 - 0.005)$
$\quad\quad\quad\; \fallingdotseq 1.4142 - 0.00707 \fallingdotseq 1.407$

(3) $\dfrac{1}{3.006} = \dfrac{1}{3} \times (1 + 0.002)^{-1}$
$\quad\quad\quad\; \fallingdotseq 0.3333 \times (1 - 0.002)$
$\quad\quad\quad\; \fallingdotseq 0.3333 - 0.00066 \fallingdotseq 0.3326$

(4) $\dfrac{1}{1.98} = \dfrac{1}{2} \times (1 - 0.01)^{-1}$
$\quad\quad\quad\; \fallingdotseq 0.5 \times (1 + 0.01)$
$\quad\quad\quad\; = 0.5 + 0.005 = 0.505$

補習6　$\pi \fallingdotseq \dfrac{22}{7}$?!

円を扱う際に必ず出てくるのが，円周率πに絡んだ計算です。

小学生のころに「半径7の円の面積は？」などというような計算を勉強したはずですが，その計算は結構面倒ではなかったでしょうか？　それもそのはず，π≒3.14 とい

うこの値が，どうも計算しづらい値だからです。「半径7の円の面積」の場合だと，

面積 $= 7^2 \pi$
$\quad ≒ 49 \times 3.14$
$\quad = 153.86 \quad$（このかけ算は結構面倒）

実は π というのは無理数という数の種類で，π の正確な値を求めようとすると小数点以下，永遠に数が続くことが知られています。

$\pi = 3.14159265358979 \cdots$

でも，こんなに長くては計算がしづらいというので，適当にキリのよい上位3桁だけ取り出して，$\pi ≒ 3.14$ として計算しているわけです。すなわち，π を含んだ計算は，精度の違いこそあれ，概算でしかないのです。

ところが，この3.14という数がやっかいなのです。100倍した314で考えると，4の倍数でもなければ3の倍数でもなく，さらに3.14を5倍したところで15.7と，やはり3桁の数になります。

そこで，とっておきの手があります。π の値を次のように覚えると，非常に計算が楽になるのです。

$$\pi ≒ \frac{22}{7}$$

そうです。かけ算のところでも紹介しましたが，このように分数で概数計算するほうが，約分ができる分，計算がしやすいという利点があります。

そしてもうひとつ，$\pi \fallingdotseq \frac{22}{7}$ には重要な利点があります。それは，$\pi \fallingdotseq 3.14$ に比べて，わずかながら値が正確なのです！

よく使われている π の概数 3.14 を a，π の正確な値をそのまま π，$\frac{22}{7}$ を b としましょう。

$\pi - a \fallingdotseq 3.14159 - 3.14 = 0.00159$

$b - \pi = \frac{22}{7} - \pi \fallingdotseq 3.142857 - 3.141593 \fallingdotseq 0.00126$

となり，わずかですが $b - \pi$ の方が値が小さい，つまり差が少ないことがわかります。$\pi \fallingdotseq \frac{22}{7}$ の方が，計算も簡便で，値もより正確なのです。今後 π を含んだ計算には

$\pi \fallingdotseq \frac{22}{7}$

を使うことをお勧めします。

$\pi \fallingdotseq \frac{22}{7}$ を使った計算例を見てみましょう。

例題 9 半径 7 の円の面積を求めてください。

$$\begin{aligned}
面積 &= 7^2 \times \pi \\
&\fallingdotseq 7^2 \times \frac{22}{7} \\
&= 7 \times 22 \\
&= 154
\end{aligned}$$

ここで,注意してほしいことは,先ほどの 3.14 を使った答え 153.86 よりも,この 154 という答えの方が本当の値に近い,ということです。

例題10 半径 2 の円の円周の長さを求めてください。

$$\begin{aligned}
\text{円周の長さ} &= 2 \times 2 \times \pi \\
&\fallingdotseq 4 \times \frac{22}{7} \\
&= \frac{88}{7} \\
&\fallingdotseq 12.57
\end{aligned}$$

練習 7 (π に関する計算)

次の値を求めてください。

(1) 半径 5 の円の面積は?

(2) 半径 1.4 の円の円周の長さは?

(3) 半径 3 の球の体積は?
(球の体積の公式:体積 $= \frac{4}{3}\pi r^3$)

【解答】

(1) 円の面積 $\fallingdotseq 5^2 \times \dfrac{22}{7}$

$= \dfrac{550}{7} \fallingdotseq 78.57$

(2) 円周の長さ $\fallingdotseq 2 \times 1.4 \times \dfrac{22}{7}$

$= 2 \times 0.2 \times 22$

$= 8.8$

(3) 球の体積 $\fallingdotseq \dfrac{4}{3} \times \dfrac{22}{7} \times 3^3$

$= \dfrac{4}{7} \times 22 \times 3 \times 3$

$= \dfrac{792}{7} \fallingdotseq 113.1$

第4章

計算間違いをなくす

●計算間違いを科学する

　学校の試験にしても，あるいは現実社会でも，計算間違いをしたために「しまった！」と思った経験はありませんか？　例えば，数学の試験で問題を解いているときに「できた！」と思って答え合わせをしてみたら，いちばん最初のところから計算間違いをしていて，考え方は合っていたのに0点だったとか，あるいは「あと45分ある」と思ってゆっくり作業をしていたら，実はあと35分しかなかったとか。計算間違いは，誰にだって一度や二度はあるものです（もし今思い出せなくても，きっと過去にはそういう経験をしていたはずです）。

　計算間違いをしたとき，「まあ，たかが計算間違いなんだし，今度は間違えないようにしっかりしよう」と思うのは簡単ですが，実際それではあまり進歩がありません。そのままにしておけば，また同じような間違いを繰り返してしまうからです。

　そこで，まず本書の読者のみなさんは次のことを脳裏に深く焼き付けてください。

「人は誰もが計算間違いをする可能性を秘めている」

　完全な人間はいませんから，計算間違いは絶対防げるというわけではありません。ただし，計算間違いをする可能性をできるだけ少なくすることは可能です。もうひとつ，

「努力しだいで計算間違いは減らすことができる」

　この章では，計算間違いをできるだけ少なくするための

第4章 計算間違いをなくす

処方を，みなさんと一緒に考えていきたいと思います。

●計算間違いの頻度を減らす

　筆者は仕事柄，多くの答案を見てきましたし，今でも毎日のように高校生の計算風景を観察しているのですが，学生の中には「うん，この学生は大丈夫だな」と思える学生もいれば，一目見ただけで「きっと計算間違いをするな」と感じる学生もいます。ではどんな学生が計算間違いをしそうなのでしょうか？

　以下に，計算間違いをしそうな学生の具体的なイメージを，いくつかあげていきます。

1. 左手（右手）を使わない学生

　意外と多いのが，姿勢が悪かったり，利き手でない方の手（右利きの場合は左手，左利きの場合は右手）をまったく使わない学生です。

　計算というのは，頭と体を同時に使った作業です。頭だけでなく，体の状態も大切なのです。特に筆算をしたり式の変形をしたりするときは頭・体の全神経を，鉛筆の先とその周辺，約5センチメートル四方に集中させる必要があります。

　人間が何か細かい作業を行うとき，視線は必ず指先にあります。言い換えると，人間というのは本能的に指先に神経を集中するようにできているのです。

　ですから，計算をする際にも，両手の指を計算中の鉛筆の近くに置いておく必要があります。鉛筆を持っているほ

うの手は当然として，もう一方の手が別のところにあると，集中力が散漫になるからです。

具体的に右利きの場合，左手の人差し指と親指の間ぐらいに，鉛筆の先が来ているように常に左手を添えている人は，計算に集中できている人です。逆にそうしない人は，計算間違いをする可能性が高いようです。

これはあくまで筆者の経験で書いていますが，左手をノートの上に置くことを実行させるだけで，計算力が格段に向上する学生が何人もいます。鉛筆を持っているほうの手だけでなく，反対側の手が大切なのです。

2. 姿勢の悪い学生

そもそも人間の体というのは，悪い姿勢をずっと保っていると，必ず体のどこかが痛くなってきます。それでは長時間の計算に耐えることもできませんし，右利きの人が左

第 4 章 計算間違いをなくす

手を使わないのと同様，なかなか問題に全神経を集中させることができません。

これから一生勉強や仕事を続けていくのなら，必ず正しい姿勢を心がけることが必要です。特にノートや計算用紙と目が近い人は，計算のところにばかり視線が集中し，問題全体を見渡すことができません。そのために，一目見ればわかるような計算間違いを放置してしまうことになります。

正しい姿勢で集中する癖を身につけるのが得策です。

3. 行間を空けない（行間が狭い）学生

多くの人が大学ノートを使っていることと思います。例えば漢字やひらがな，アルファベットなどを書くのには大学ノートは非常に便利なものです。

ところが，計算をする際には，大学ノートの罫線の使い

方を少し工夫する必要があります。例えば次の式を見てください。

$$120 \times \frac{17}{20} = 102$$

もしもこの式を罫線と罫線の間に入れ込もうとすると，どうしても$\frac{17}{20}$だけは，数字を小さく書く必要が出てきます。これは計算にとっては致命的です。というのも，120に比べて20とか17という情報の重要性が低いわけではないからです。この計算を正しく行うためには，すべての数が均等に処理される必要があるのです。

ところが行間を空けずに$\frac{17}{20}$が，ノートの都合で小さくなってしまうために，どうしても見えにくくなってしまいます。そしてこの結果，計算間違いの確率がずっと大きくなってしまうのです。

そこで算数や数学の問題を解くときは，必ずどの学生にも注意していることがあります。それは「行間を空ける」ことです。行間を空けることで，計算式中の数字や文字が見えやすくなるばかりでなく，先ほどの$\frac{17}{20}$のような分数を書く場合には，少し罫線からはみ出して，120などと同じ字の大きさで分数を表記することができるのです。

実は分数計算が苦手な学生を観察していると，たいてい式の行間が狭くて，特に分数の分母分子の字が小さくなってしまっています。分数が出てくるだけで自分のノートが汚くなり，それが「分数嫌い」につながっているのではな

いかと思ったりもします。

　また、高校生になると、数式が複雑になってきます。特に積分記号（∫）や和の記号（Σ）の計算、累乗やベクトル、行列など、1行では収まらない式がどんどん登場してきます。積分の計算でさえも行間を空けずに罫線に収めて書く学生が、少なからずいます。これではどうしても重要な情報の字が小さくなってしまい、かえって計算間違いを誘発してしまいます。

　そんなわけで、必ずノートは1行ごとに行間を空けて、ゆったりと使いましょう。

4. 計算用紙に空白がない学生

　時々いるのですが、空白が少しでもあれば、どんどん計算でそこを埋めていく学生がいます。

　計算をしているのを観察していると、こっちの目がクラクラとなるぐらいに、空白が少なくてグチャグチャなのです。

　先のノートの行間のエピソードにも言えることですが、紙をケチる学生は、たいてい実力が伸びません。その学生の頭の中も、きっとその計算用紙と同じようにグチャグチャになっていて、ちゃんと整理ができていないのだと思われます。その状態でいくら勉強をしても、実力が伸びるわけがないのです。

　空白はノート上にも「頭の中」にも必要です。できるだけ空白を広めに取りながら、計算の練習を進めていきましょう。

5. 字の判別がつきにくい学生

これも実はかなり致命的です。

つい最近も「b」を6と見間違えて，

$$bx + 4x = 10x$$

といった計算間違いを目撃しました。

意外なことですが，この間違いをした学生は，一見ノートは非常に美しく，計算間違いをしそうにないのです。実は字がきれいな人でも，こういう間違いをする人が多いのです。

なぜそうなるのか？　一言で言うと，見た目のきれいさを重視するあまり，例えばbを6と間違えないように筆記体で書くというのが美意識に反する，ということなのだと思います。逆にそういうこだわりがない人は，字は汚くても見やすくする工夫をしていることが多く，字の見間違いで計算間違いをしてしまう可能性はほとんどありません。ノートを美しく取ろうとするのは，計算間違いを増やす結果になるのです。

そもそも計算というのは，かなり人間くさい作業です。汗水たらして1つの答えにたどり着くわけで，必死です。というより必死にならないと，正しい答えにたどり着きません。

数学のノートが汚いのは，むしろ当たり前であって，妙にきれい過ぎるノートに，計算間違いをしそうな雰囲気が感じ取られてしまうのは，そういうことなのです。

そんなわけで，少なくとも本書の読者のみなさんには，「美しいノート」ではなく，「文字の見間違いが少ないノー

第 4 章　計算間違いをなくす

ト」を常に心がけていただきたいと思います。
　コツとしては，
(1)「8」や「6」などの円形の部分は，できるだけ正しい○を作る。飛び出ている部分ははっきりと飛び出させる。
(2) 各数字を書くたびに，できるだけ「この字は別の字と見間違えないか？」とチェックしつつ数字を書く。
(3) 見間違えそうな文字は，前もって別の字体を選んで練習しておく。
　などがあげられます。
　次節から，具体的に計算間違いをしないための検算の方法を紹介します。

●検算を行う

さて,計算間違いをできるだけ防ぐための対策として,もう一つ大切なのが「検算」です。検算とは,自分で計算して出した答えが,本当に正しいのか吟味する作業です。

次の式をご覧ください。この計算は正解ですか,それとも間違い?

$$43 + 352 + 31 + 3294 + 438 + 123 + 193 = 3903$$

この計算結果が本当に正しいのか,短い時間でどのように吟味したらよいでしょう。

この計算結果を検算するための手法として,ここでは「チェックサム」「まんじゅう数え上げ」「別の自分に計算させる」という3つの手法を紹介します。

A.チェックサム

チェックサムとは,実はコンピュータ間の通信などでよく用いられる手法です。

コンピュータのデータなどは,ほんの1ヵ所でも間違えたデータを送ってしまうと,全データがうまく動かないことがあります。そのため,少しでも間違いがあったら,その段階で検出しなければなりません。そのための手法がチェックサムです。

これを人間の計算に応用します。というと,難しそうですが,実はかなり原始的な作業です。一言で言うと,1の位だけ計算してみるのです。すなわち,

$$43 + 352 + 31 + 3294 + 438 + 123 + 193$$

の 1 の位だけ抜き出して計算してみると，

$$3 + 2 + 1 + 4 + 8 + 3 + 3 = 24$$

となります。この段階で 3903 となることはありえないことがわかります。すなわちこの答えは間違っているのです。

ほかにももっと簡単なチェックサムの手法として，偶数・奇数をチェックする手法もあります。足し算の場合，

　奇数＋奇数＝偶数
　奇数＋偶数＝奇数
　偶数＋偶数＝偶数

という性質を用いると，

$$43 + 352 + 31 + 3294 + 438 + 123 + 193$$

の答えは

　奇数＋偶数＋奇数＋偶数＋偶数＋奇数＋奇数→偶数

となるはずです。すなわち，3903 となることはありえないのです。

もう読者のみなさんの中にはお気づきの方も多いと思いますが，ここで気をつけなければならないことは，間違えた答えを絶対に検出できるわけではないということです。すなわち，チェックサムにはいろいろな手法がありますが，簡単な手法であればあるほど，検出できない可能性も大きくなります。

あくまで「計算間違いを減らす」ための簡単なチェック手法です。その辺を誤解しないよう，注意が必要です。

B. まんじゅう数え上げ

これは概算のところで詳しく取り上げていますが，細かい数字を大きく捉えることで，計算の結果がそこそこ合っているか，ざっくり計算する手法です。

$$43 + 352 + 31 + 3294 + 438 + 123 + 193$$

この場合，3294 に比べて小さな 43 や 31 はあまり気にせず，ざっくりと大きな数だけ足してみます。

352 を 350，3294 を 3300，438 を 440，123 と 193 を合わせて 300 ぐらいと考えて計算すると，

$$350 + 3300 + 440 + 300 = 4390$$

となり，3903 という答えは，正しい答えに比べて小さすぎることがわかります。

このように「大体これぐらいの値になるはずだな」と思いながら計算することは，非常に重要です。言い換えると，「大体これぐらいの値になるはずだ」と予想を立てることができるかどうかが，計算間違いを減らす重要なポイントでもあるのです。

C. 別の自分に計算させる

同じ計算を自分と別の人が行う場合，計算結果が同じ値なら，その計算が正しい確率はかなり高いといえます。ところが，現実問題として，別の人が自分の計算結果を検算してくれる状況というのはまれだと考えてよいでしょう。

そこで，別の自分に計算させる，という手が考えられます。すなわち「未来の自分」に検算を頼むのです。

第4章　計算間違いをなくす

　もしも時間に余裕があるのなら，少し時間がたってから，再び同じ計算を最初からやり直してみます（もちろんその際には，先の計算結果や途中経過を見てはいけません）。それで，まったく同じ答えになれば，その計算結果は正しい可能性が高いといえます。

　もし違う答えが出てくれば，可能性は3つあります。
(1) 最初の計算が間違っていて，2回目の計算は正しい。
(2) 2回目の計算が間違っていて，最初の計算は正しい。
(3) 最初の計算も2回目の計算も間違っている。

　このときには，まず2回目の計算の途中経過を1回目と見比べて，どこで計算結果が違ってきているかをチェックします。そしてその部分だけ慎重に検討して，上記3つの可能性のうち，どれに相当するのかよく考えます。

　『アポロ13』という映画をご存じでしょうか？　アポロ13号という，月着陸の任務を背負った有人宇宙船が，月着陸直前に爆発事故を起こし，どうにかして宇宙船を地球に無事帰還させるという，実話に基づいた映画です。

　その映画の要となる印象的なシーンがありました。限られた時間内に，複雑な計算を行わないと大惨事が避けられない，というシーンです。このとき，計算尺と筆算だけでNASAの技術者がみんなで力を合わせて計算をするのです。

　こんな状況では，計算間違いが大惨事の回避を不可能にするわけですから，絶対に計算間違いを防がなければなりません。そこで，NASAで採られた手法は，3つの別々の

グループが同時に同じ計算を行い,出てきた答えが一致すればOK,というものです。

映画では3つのグループが計算を別々に行い,答えを同時に出し合って,検算する場面が感動的に描かれています。

このように,検算は非常に重要です。この章の最初でも書いた「人は誰もが計算間違いをする可能性を秘めている」が「努力しだいで計算間違いは減らすことができる」ことをまさに実践するための行為が「検算」なのです。

さて,話が長くなりましたが,いずれにしても検算は意外と時間がかかるものです。しかし,間違った答えを出すよりは,少し時間をかけてでも正しい答えを出すべき状況が多々あります。ぜひ検算上手になって,「努力しだいで計算間違いは減らすことができる」を実現していただければ,と思います。

●余分な計算をしない

そもそも計算をする必要がない計算をしている場合があります。例えば,

$200 \div 45 \times 90$

という計算をするとき,$200 \div 45$ の計算をする必要はありません。というのも,計算視力を働かせれば,後から90をかけるので,この式の「$\div 45 \times 90$」という部分は「$\times 2$」と同じということがわかるはずです。$200 \div 45$ の計算をしなくても,最終的な $200 \times 2 = 400$ という答えは

すぐに出てくるのです。

　このように「少し考えれば余分な計算を避けることができる」ケースは結構あります。特にかけ算や割り算の場合には，順番を入れ替えたり約分をしたりすることで，余分な計算をそぎ落とすことができます。普段から「余計な計算をしない」癖を身につけてほしいと思います。

第5章
計算力を強くする

●計算空間を頭の中に作る

(1) 楽器演奏

計算力のキーワードとして，例えばかけ算なら「計算視力」，足し算なら「かけ算への持ち込み」をあげました。例題や練習を解きながら気がついた読者の方もいらっしゃるかもしれませんが，実はこれらすべてに共通するのが，頭の中に何らかの「計算空間」ができ上がるということです。

例えば，35 × 24 というかけ算をする場合，「計算視力」を使うと，35 がうっすらと「7 × 5」に見え，24 がうっすらと「2 × 12」に見え，結局このうち 7 と 12 のかけ算さえ計算すればよい，ということが頭の中に浮かび上がるはずです。このとき，頭の中に「7 × 5」とか「2 × 12」と見えている場所が「計算空間」なのです。

この計算空間は，計算するためだけのものではなく，例えば楽譜を見ずに楽器を演奏する際に楽譜が頭の中に浮かんだり，あるいはピアノの CD を聞きながらピアノの指の動きが浮かんだりするのと同じ空間です。ですから，計算力を高めるために「楽器演奏」はとてもよい刺激になると考えられます。

もうひとつ，楽器演奏と計算には大きな類似点があります。それは両者とも「リズム」が重要だということです。

経験から書きますが，正確にリズムをつかんで計算すると計算間違いが減ります。例えば筆算の場合でも，調子よく「ターン，ターン，ターン，ターン……」と数字を書き込んでいくことで，計算間違いがぐっと減ります。逆に落

第5章　計算力を強くする

ち着かない場所や邪魔が入ったりすると、このリズムが乱れて計算間違いが増えます。

　この「リズムをうまく取る練習」にも楽器演奏がぴったりです。ちなみに楽器と言っても色々ありますが、別にピアノやバイオリンのようなお稽古事でなくても、ハーモニカや縦笛などでもいいですし、打楽器でもいいでしょう。

　この文章を書いている筆者自身は脳の研究家でも音楽教育者でもないので、詳しい説明はできませんが、実際にこのことを指摘する学者や専門家は大勢います。ぜひ年齢・性別を問わず楽器演奏に挑戦していただきたいと思います。

(2) ブロック遊び

　計算力・計画力を高めつつ、楽器演奏のところでも触れた「計算空間」をより発達させるための遊びとして、ブロック遊びが効果的です。

　ブロックで色々なものを作ったり壊したりすることで、だんだんわかってくることがあります。それは色の使い方とかブロックの大きさ・形など、左右対称に作ってみると、何でも見栄えのするものが作れるということです。これを手当たり次第に適当にくっつけていくと、どうもうまく行きません。

　そのことから徐々に、何かを作る前に、ブロックを形や大きさで色々分類してから作業に取り掛かるようになります。そして、そこにあるブロックからどんなものが作れるのか、計画を立てることが求められます。さらに空間的なイメージを頭の中に描きながら、おぼろげな設計図を頭の中に作り出すことになります。

　こういったいくつかのプロセスを経て、ある作品を完成させる能力はかなりのものだといえます。そんなわけで、ブロック遊びを楽しんでいるうちに備わる能力は計り知れないものがあります。

第5章 計算力を強くする

(3) 早口数字

このゲームはすごく簡単ですが奥が深く重要です。子供のみならず大人にもぜひお薦めしたいゲームです。

ルールは簡単です。以下の数字を順番に大きな声で，できるだけ早く言ってみてください。

> 5
> 5 5
> 5 5 5
> 5 5 5 5
> 5 5 5 5 5
> 5 5 5 5 5 5
> 5 5 5 5 5 5 5
> 5 5 5 5 5 5 5 5
> 5 5 5 5 5 5 5
> 5 5 5 5 5 5
> 5 5 5 5 5
> 5 5 5 5
> 5 5 5
> 5 5
> 5

今は数字を見ながらでしたが，これを数字を見ずに声に出してみます。

このことで，頭の中の数字のイメージの練習になるばかりでなく，発声することで音にした数字を耳に入れて解釈する練習になります。これは計算視力を高めるために非常

に有意義な練習です。筆算をしたり，暗算をする場合にも，声を出して計算すると間違いが少なく，スムーズにいくのはこうした効果によるものと考えられます。

もし5ですらすら言えるようになったら，もう少し数を大きくして6や7や8などで試してみてください。

また，この早口数字の変形バージョンとしてはこういったものも考えられます。こちらはさらに難しいですが，ぜひ頭の中に数字を思い浮かべながら挑戦してください。

      1
      12
      123
      1234
      12345
      123456
      1234567
      12345678
      1234567
      123456
      12345
      1234
      123
      12
      1

個人的な話で恐縮なのですが，このゲームは著者の韓国語の恩師でもあるKJミュージカルスクールの金智石先生

第5章 計算力を強くする

に教えていただいたものです。ちなみに韓国語の場合，7や8などの発音が難しいです。また英語やフランス語などで練習するのも意外に面白いです（特にフランス語の8や9は難しいですよ）。

● 数字に慣れる ─────────────────

(1) 人間電話帳

簡単なゲームです。知り合いの電話番号を片っ端から覚えていきます。

その際に気をつけるのは，語呂合わせで覚えないことです。必ず数字で覚えていきます。

では，語呂合わせを使わずに，どうやって覚えるか？

例えば「○○の電話番号は，やたらと3の倍数が多いな」とか，「51で始まるのは△△の電話番号，52で始まるのは□□の電話番号」などという風に，だんだん覚えこんでいくうちに，単なる数字の羅列だったはずの番号に，個性が見え始めます。そうすればしめたもの。

ちなみにフランスの電話番号は，2桁ごとに区切って読むのが習慣です。例えば日本で「03 − 1234 − 5678」という番号なら「03 12 34 56 78」となります。2桁の数字それぞれの個性が際立ち，いままで見えなかった数字の関係が発見できるかもしれませんよ。

(2) 数字ウンチク

好きな数字を選んで，その数字に関する性質を思いつくままに色々話すというゲームです。

例えば「6」。

「6は，古代バビロニア人が60進法を用いたこともあって，昔からヨーロッパにおいても非常に重要な数とされてきた。時間や角度の単位には今でも60進法が残っている。さらに6の約数をすべて書き出すと，1，2，3，6となり，これらが1＋2＋3＝6を満たすので，6は完全数と呼ばれる……」

　というように，数字を一つ聞いてウンチクをいっぱい言うのです。

　もちろん難しいのもありますが，色々調べてみると結構あるものです。

　数字のウンチクがもっと知りたい方にお薦めの本を紹介しておきます。

　講談社ブルーバックス『ゼロから無限へ』（C．レイド著，芹沢正三訳）

　0から9までの数字について，それぞれのウンチクがいっぱい詰まっています。

(3) 車のナンバーゲーム

　車のナンバープレートを見るたびに，できるだけ早く以下の計算をします。

　(a) 4桁の数を全部足す。例えば4459なら

　4＋4＋5＋9＝22

　(b) その答えをさらに各位に分けて足す。

　2＋2＝4

答えが1桁になったらそこでストップ。

実はこのゲームでは,できるだけ早く答えを出すためのとっておきの方法があります。それは「9」を足さないことです。すなわち「9」を足しても足さなくても最後の答えは一緒なのです(なぜそうなるか,読者のみなさんで考えてみてください)。

ちなみに,4459の場合,最後の9と真ん中の2個の数字(4＋5＝9)は足しても足さなくても同じ結果になります。すなわち最初の4だけが残るので,この計算の答えはまったく作業をしなくても4になります。

このことをさらに利用すると,例えば6887などの場合,

$$6 + 8 + 8 + 7 = 29$$
$$2 + 9 = 11$$
$$1 + 1 = 2$$

とはせずに,計算視力で8を(9－1),7を(9－2)に置き換えて,

$$6 - 1 - 1 - 2 = 2$$

とすれば,計算が速くて楽になります。慣れるとナンバープレートを見るたびに2, 3秒で答えを出せるようになります。

この練習を繰り返せば,計算視力の訓練になります。また,引き算で重要な1＋8, 2＋7, 3＋6, 4＋5の和が9になる4つの組み合わせを自然と覚えることができます。

もし車のナンバープレートで慣れてしまったら，少し桁数の大きい数字（広告の電話番号など）でやってみても面白いです。

● **作戦を立てる**

(1) グリコ・チョコレート・パイナップル

　公園でやるにはもってこいの楽しい遊びです。なお階段を使いますので，通行人の邪魔にならないようにしましょう。

　ひと言で言うと，階段の段をマスに見立てた双六です。2人以上何人でも楽しめますが，人数が多いとあいこが増えるので3～4人が最適です。

(a) まず階段の一番上の段に並んで立ちます。
(b) じゃんけんをします。勝った人は，そのときに勝った手が「グー」なら「グ・リ・コ」と言いながら3段，「チョキ」なら「チ・ヨ・コ・レ・エ・ト」と言

いながら6段,「パー」なら「パ・イ・ナ・ッ・プ・ル」と言いながら6段下ります。

(c) いちばん下の段に早く到達した人が勝ちです。

　このゲームの奥が深いところは「グー」で勝ったときだけ階段を下りる段数が少ないことです。ですからみんながあまり「グー」を出さなくなります。そこに駆け引きが生まれるのです。すなわち

みんながグーを出さない
↓
みんながパーかチョキを出したがる
↓
チョキを出すと勝つ確率が高い

　それをみんなが気づいたころに、その裏をかいてグーを出すと3段先に進むことができます。読みが大切なゲームです。計算力では、その読みが大切な場合が多いのです。そのための、まさに格好の練習ゲームだといえます。

(2) mattix（マティックス）

イスラエルで発明されたゲームです。4×4もしくは6×6のマスを使って遊びます。ルールは単純。でも奥が深いゲームです。先読みが重要なので、かなり頭の訓練になります。また、足し算と引き算だけなので、小学生の低学年の人でも遊べます。

（日本では学習研究社が輸入・販売：
http://www.gakken.co.jp）

(3) NUMERO（ヌメロ）

オーストラリア西部に住んでいた牧師フランク・ドライズデールさんが、アルツハイマー病と診断された際にその進行を食い止めようと考案したゲームなのだそうです。現在では西部オーストラリアではほぼ一家に1セットあるようなゲームになっているとのことです。

イメージ的にはトランプの「ページワン」や「UNO」のような感じのゲームですが、違うのは「カードをたくさん取った人が勝ち」なことと、露骨に計算力が必要なこと

第 5 章 計算力を強くする

です。このゲームを何度もすることで，数字にかなり精通することができます。

（日本ではエドベックが輸入・販売：
http://www.edvec.co.jp）

N.D.C.411.1　173p　18cm

ブルーバックス　B-1493

計算力を強くする
状況判断力と決断力を磨くために

2005年 8月20日　第 1刷発行
2017年 5月 2日　第30刷発行

著者	鍵本　聡	
発行者	鈴木　哲	
発行所	株式会社講談社	
	〒112-8001 東京都文京区音羽2-12-21	
電話	出版　03-5395-3524	
	販売　03-5395-4415	
	業務　03-5395-3615	
印刷所	(本文印刷) 慶昌堂印刷 株式会社	
	(カバー表紙印刷) 信每書籍印刷 株式会社	
本文データ制作	株式会社さくら工芸社	
製本所	株式会社国宝社	

定価はカバーに表示してあります。
Ⓒ 鍵本　聡　2005, Printed in Japan
落丁本・乱丁本は購入書店名を明記のうえ、小社業務宛にお送りください。送料小社負担にてお取替えします。なお、この本についてのお問い合わせは、ブルーバックス宛にお願いいたします。
本書のコピー、スキャン、デジタル化等の無断複製は著作権法上での例外を除き禁じられています。本書を代行業者等の第三者に依頼してスキャンやデジタル化することはたとえ個人や家庭内の利用でも著作権法違反です。
Ⓡ〈日本複製権センター委託出版物〉　複写を希望される場合は、日本複製権センター (電話 03-3401-2382) にご連絡ください。

ISBN4－06－257493－4

発刊のことば

科学をあなたのポケットに

　二十世紀最大の特色は、それが科学時代であるということです。科学は日に日に進歩を続け、止まるところを知りません。ひと昔前の夢物語もどんどん現実化しており、今やわれわれの生活のすべてが、科学によってゆり動かされているといっても過言ではないでしょう。

　そのような背景を考えれば、学者や学生はもちろん、産業人も、セールスマンも、ジャーナリストも、家庭の主婦も、みんなが科学を知らなければ、時代の流れに逆らうことになるでしょう。ブルーバックス発刊の意義と必然性はそこにあります。このシリーズは、読む人に科学的に物を考える習慣と、科学的に物を見る目を養っていただくことを最大の目標にしています。そのためには、単に原理や法則の解説に終始するのではなくて、政治や経済など、社会科学や人文科学にも関連させて、広い視野から問題を追究していきます。科学はむずかしいという先入観を改める表現と構成、それも類書にないブルーバックスの特色であると信じます。

一九六三年九月

野間省一